普通高等教育一流本科专业建设成果教材

化学工业出版社"十四五"普通高等教育规划教材

环境工程微生物学实验

王海涛 主编 王 兰 副主编

Experiments in Environmental Engineering Microbiology

U0385226

化学工业出版社

·北京·

内容简介

《环境工程微生物学实验》共包含 17 个实验，主要内容既包括消毒与灭菌、光学显微镜使用、培养基制作、无菌操作、细菌染色、菌体大小测定等微生物实验的基础内容，又覆盖了水体沉积物、空气、土壤中微生物的分离与检测，以及微生物生化性能检测、废水可生化性测定和微生物燃料电池等内容。本书内容全面丰富，兼顾微生物学原理和基本实验操作，结合关键实验操作和设备使用方法的视频，培养并提高学生对微生物学实验及相关仪器设备使用的理论认知，在此基础上使学生系统地掌握微生物学实验的基本操作技能。

本教材既可作为高等学校环境工程、环境科学、环境生物学、给排水科学与工程及相关专业本科生、研究生的实验课程教材，也可供环境监测、环境保护等相关领域、学科的工作人员参考使用。

图书在版编目（CIP）数据

环境工程微生物学实验/王海涛主编；王兰副主编. —北京：化学工业出版社，2023.10

普通高等教育一流本科专业建设成果教材　化学工业出版社"十四五"普通高等教育规划教材

ISBN 978-7-122-43963-5

Ⅰ.①环… Ⅱ.①王… ②王… Ⅲ.①环境微生物学-实验-高等学校-教材 Ⅳ.①X172-33

中国国家版本馆 CIP 数据核字（2023）第 149580 号

责任编辑：满悦芝　郭宇婧　　　　　　　　装帧设计：张　辉
责任校对：李　爽

出版发行：化学工业出版社（北京市东城区青年湖南街 13 号　邮政编码 100011）
印　　装：北京天宇星印刷厂
787mm×1092mm　1/16　印张 7　字数 127 千字　2023 年 11 月北京第 1 版第 1 次印刷

购书咨询：010-64518888　　　　　　　　　售后服务：010-64518899
网　　址：http://www.cip.com.cn
凡购买本书，如有缺损质量问题，本社销售中心负责调换。

定　　价：29.80 元　　　　　　　　　　　　版权所有　违者必究

编写人员名单

主 编：王海涛

副主编：王 兰

参 编：展思辉 李铁龙 王 玥 李明妹 孙文爽

本书由扫描所得

序

　　1972 年，联合国召开了第一届人类环境会议，并于 1973 年 1 月 1 日发布了《人类环境宣言》，1973 年 8 月，周恩来总理主持召开了我国第一届环境保护大会，这分别代表着环境保护事业在世界和中国的萌生。面对环境保护事业的发展，环境保护科学研究及管理人才的培养也迫在眉睫。在这种背景下，南开大学于 1973 年成立了环境保护教研室，1983 年又成立了我国综合性高校中首个环境科学系。2001 年，南开大学环境科学位列我国首批 4 个环境科学国家重点学科之一，并于 2019 年成为首批国家级一流专业建设点。五十年的发展历程中，南开大学环境学科一直注重教材建设，为我国高等学校环境学科人才培养做出了贡献。

　　环境学科是应对解决国家经济社会发展过程中产生的环境污染问题及保障生态系统安全与人体健康需求的学科，也是实验性和应用性极强的综合交叉学科。实验技能的提高在环境学科人才培养中占据重要位置。实验教学可以帮助学生深入认识理论问题、掌握解决环境问题的技术。环境学科发展迅速，随着环境问题的涌现与解决，其理论内涵与外延均迅速发展，目前的实验教材已无法完全满足一流人才培养和一流专业建设的需求。因此，我们在目前使用的实验讲义基础上，总结梳理环境科学国家级一流专业建设成果，组织编写了"高等学校环境科学专业实验课程新形态系列教材"，旨在分享南开大学环境学科在实验教学方面的经验和进展，为建设一流本科专业提供重要支撑。

　　本次出版的"高等学校环境科学专业实验课程新形态系列教材"主要包括《环境化学实验》《环境监测与仪器分析实验》《环境工程微生物学实验》和《环境生态学与环境生物学实验》四个分册，涵盖了环境化学、环境监测、环境微生物、生态学、环境生物学和仪器分析等专业方向，基本覆盖了环境科学学科的主干课程。本系列教材以提高学生科学素养、实验技能和强化学生科教兴国意识、勇于创新的科学精神为目标，并将一些学科前沿研究的新方法和新成果引入到本科生的实验教学中，既充分考虑各门课程教学大纲的基础知识点，又体现出南开大学与时俱进、教研相长的学科特色。另外，本系列教材应用全新传媒技术，使广大学生通过手机终端即可扫码完成原理的自学以及操作流程的预习、身临其境地了解实验过程，或直接观看各实验的关键操作流程。本系列教材适用于高等学校环境科学相关专业的本科生教育，也可用于大中专院校及科研院所青年人员的继续教育，力求为缺少实验办学条件的单位提供帮助。

由于编者水平有限，且本系列教材首次采用了新媒体模式，参加编写的人员较多，书中若有不当之处，恳请各位读者批评指正。

孙红文
于南开园
2023 年 6 月

前　言

　　环境工程微生物学是微生物学与环境工程相结合的应用学科，旨在利用环境工程手段和方法，加速和强化微生物对污染物的降解与转化。本学科在环境工程、环境科学、给排水科学与工程等专业中具有重要地位，为学生提供了深入了解微生物学在环境保护和污染控制中应用的机会。与普通微生物学相比，环境工程微生物学要求学生将理论与工程实践紧密结合，是一门实践性很强的课程，其中大量的课程实验对于巩固和加深学生对基本知识和基本技能的理解与掌握至关重要。

　　作为环境工程、环境科学等专业本科生的专业基础实验课，掌握环境工程微生物学实验知识对于理解和认识相关理论，并从事环境领域的研究工作具有重要意义。本书是上述实验课程的配套教材，共包含十七个实验，既包括消毒与灭菌、无菌操作、光学显微镜使用、培养基制作、细菌染色、菌体大小测定等微生物学实验的基础内容，也覆盖了水土气环境中微生物的分离与检测，以及微生物生化性能检测、废水可生化性测定和微生物燃料电池等内容。本教材实验内容将为学生提供与环境工程微生物学相关的实践经验和理论知识。本教材力图使学生深入了解微生物在解决环境问题方面的作用，学会将这些知识应用于实际环境保护和治理中，并为未来的学术研究和环境保护工作打下坚实的基础。

　　结合信息化时代的特点和优势，我们在教材中还补充了对关键实验操作和设备使用方法的演示视频，希望通过对多媒体新型教材建设的探索创新，与兄弟院校的同仁共同提高环境工程微生物学实验课程教学质量。

　　本书是南开大学环境科学国家级一流专业建设成果教材，在编写过程中，得到了南开大学环境科学与工程学院环境科学系和环境工程系全体师生的大力支持，其中环境科学系的孙红文老师，环境工程系的王鑫老师，博士后廖承美，博士研究生李明妹，以及硕士研究生孙文爽、邹海燕、王玥等同学，在视频拍摄方面给予了极大的帮助，在此表示衷心的感谢！

　　由于编者水平有限，书中不妥和疏漏之处在所难免，敬请读者指正，并提出宝贵的意见和建议，以便我们在今后的工作中进一步改正、提高。

编者
2023 年 7 月

目　录

二维码目录

环境工程微生物学实验课程的目的和安全守则

课程目的 通过本课程的学习，训练学生熟练掌握基本实验操作技能和常用仪器的使用方法，提高学生动手能力，培养学生观察、思考、独立分析和解决问题的能力，帮助学生养成规范、严谨、团结协作的良好习惯和严肃认真、实事求是的科学态度。

实验室安全守则 微生物学实验教学过程中，要接触各种微生物、化学试剂和采集的环境样品，如若操作不当，可能对人体有毒害作用；同时，各种仪器和电器等设备，在使用中也可能存在危险。为确保环境工程微生物学实验安全顺利地进行，获得良好的教学效果，任课教师和选课学生须遵守以下安全守则：

（1）首次进入实验室的学生，应接受实验室安全教育。要了解实验室所在楼宇和房间的结构，以便发生意外时快速撤离。

（2）实验室安全是保障人员安全的前提，是课程顺利进行的基础，实验室人员均有义务及时采取有效措施保障实验室安全，发现安全隐患必须及时报告，发生安全事故必须及时通知负责人员，如实汇报、不得隐瞒，并协助调查处理。

（3）室内应保持整洁、安静，严禁吸烟，未经批准不得带无关物品进入实验室。实验室内禁止饮食，禁止将食物、饮料以及食物器皿带入实验室。

（4）所有实验必须严格按照操作规程进行，凡有危险性的实验必须在老师的监管下进行，不得随意操作。实验过程中必须穿实验服、长裤和无孔洞的鞋，长发须扎起，根据实验需要佩戴口罩和手套。台面上只能放置实验必需的物品，废弃物应及时清理。

（5）实验中培养的微生物可能会危害人员安全，必须严格按照要求进行实验操作。废弃微生物培养物和接触过培养物的器皿必须消毒后，才可以清洗或丢弃。对于致病性较强的微生物，应采用高压蒸汽灭菌。

（6）禁止将实验室中的微生物培养物擅自带出实验室。

（7）在实验室中使用手提高压灭菌锅时，必须熟悉操作过程，操作时不得离开，时刻注意压力表，不得超过额定范围，以免发生危险。

（8）清洗玻璃器皿要注意安全。碎玻璃按照要求，投入专门的垃圾桶，统一处置。实验中产生的废液、废物应集中处理，不得任意排放。

（9）实验结束后，清洁、整理实验台，洗手。离开前必须关闭电源、水源、气源和门窗，熄灭火源，经负责教师确认后，才可以离开实验室。

实验一
消毒与灭菌

1.1　实验目的

（1）了解常用的消毒、灭菌方法及其原理；

（2）掌握高压蒸汽灭菌、干热灭菌和过滤除菌的方法。

1.2　实验原理

　　实验室周边环境中，存在着数量庞大、种类繁多的微生物。为避免周边环境中的微生物对实验的干扰，保证实验顺利进行，需要对实验的周边环境进行消毒，而分离、培养微生物用的实验材料、器皿以及试剂等，则需要彻底灭菌后才能使用。实验完成后，为了确保培养的微生物不危害人身安全和环境，需要对培养的微生物、染菌的材料进行彻底的消毒和灭菌后，再清洗和丢弃。

　　灭菌是采用理化方法杀死材料、器皿表面的全部微生物，使其永远丧失生长繁殖能力的措施。消毒的原理与灭菌相同，但是其目的是杀死样品或局部环境中绝大部分的微生物，主要是病原微生物和有害微生物的营养细胞，从而避免微生物对人员和环境的危害，因此条件不如灭菌严格，温度更低或维持时间更短，实际上属于部分灭菌。环境微生物学实验室常用的灭菌方法如图 1-1 所示，包括高温法灭菌、过滤除菌和辐射法灭菌等等，应根据实验要求选择适当的方法。

1.2.1　高温法灭菌

　　高温法灭菌是利用高温使微生物的蛋白质、核酸等成分变性，从而杀死微生物。常用的高温灭菌方法有火焰灭菌、干热灭菌和湿热灭菌等。火焰灭菌的适用性较差，不如干热灭菌和湿热灭菌应用广泛。高温蒸汽比热空气具有更好的穿透能力，更易于热量传递，更容易破坏保持蛋白质稳定性的氢键等结构，因此湿热灭菌比干热灭菌所需时间短，所需温度也低。

3

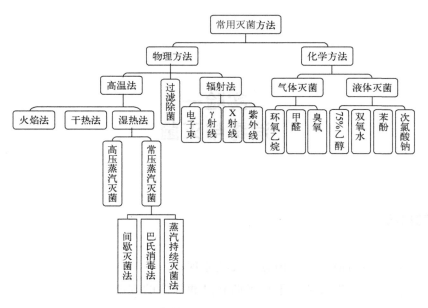

图 1-1　环境微生物学实验室常用灭菌方法

（1）火焰灭菌

火焰灭菌主要用于实验中用到的金属器具的灭菌，如用于微生物接种的接种环、接种针等，将其放在酒精灯或煤气灯火焰上直接灼烧，如图 1-2（a）。火焰灭菌具有迅速彻底的优点，接种过程中，试管或三角瓶口也可通过火焰灼烧灭菌。近年来新出现的红外线电热灭菌器，如图 1-2（b），其原理类似于火焰灭菌，但是没有明火，比酒精灯、煤气灯更安全，适合灭菌接种环和试管口等，尤其在超净工作台等通风环境中。

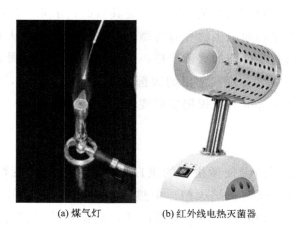

(a) 煤气灯　　　　　(b) 红外线电热灭菌器

图 1-2　火焰灭菌器材

（2）干热灭菌

用干燥的热空气杀死微生物的方法，称为干热灭菌。主要用于玻璃培养皿、玻璃移液管和试管等玻璃器皿的灭菌。灭菌时，将它们装在金属盒或金属筒里，放入电热恒温干燥箱内（图 1-3），加热至 160～170℃，维持 1～2h，以杀灭器皿内外的各种微生物。干热灭菌的可靠性很高，耐热指示菌如萎缩芽孢杆菌（*Bacillus atrophaeus*），也可被杀灭。灭菌时间可以根据灭菌物品的性质和体积做适当调整，以达到灭菌目的。

图 1-3　电热恒温干燥箱

注意：干热灭菌技术不适用于培养基、橡胶制品、塑料制品等的灭菌。

（3）湿热灭菌

湿热灭菌又称为蒸汽灭菌，是利用温度超过 100℃的热蒸汽来杀死样品中的微生物。相同温度下，湿热灭菌比干热灭菌效果好。这是因为热蒸汽对细胞成分的破坏作用更强，水分子的存在有助于破坏维持蛋白质三维结构的氢键和其他相互作用的弱键，更容易使蛋白质变性。其次，高温蒸汽比热空气具有更强的穿透能力，对细胞成分的破坏作用更强，能更加有效地杀灭微生物。最后，蒸汽存在潜热，当气体转化为液体时可放出大量热量，故可迅速提高灭菌物体的温度。因此，湿热灭菌比干热灭菌更迅速，所需温度也低，常用于各类培养基、器皿的灭菌。

不同微生物对蒸汽灭菌的耐受能力不同，多数细菌和真菌的营养细胞在 60℃左右处理 15min 后即可被杀死；酵母菌和真菌的孢子要耐热些，要用 80℃以上的温度处理才能杀死，而细菌的芽孢更耐热，一般要在 120℃下处理 15min 才能杀死。

湿热灭菌常用的方法有常压蒸汽灭菌和高压蒸汽灭菌。

① 常压蒸汽灭菌

常压蒸汽灭菌指在不能密闭的容器里产生蒸汽进行灭菌，在不具备高压蒸汽灭菌的条件下，常压蒸汽灭菌是一种常用的灭菌方法。此外，不宜用高压蒸煮的物质如糖液、牛奶、明胶等，可采用常压蒸汽灭菌。这种灭菌方法所用的灭菌器有阿诺（Arnold）氏灭菌器或特制的蒸锅，也可用普通的蒸笼。由于常压蒸汽的温度不超过 100℃，压力为常压，大多数微生物的营养细胞能被杀死，但芽孢细菌却不能在短时间内死亡，因此必须采取间歇灭菌或持续灭菌的方法，以杀死芽孢细菌，达到完全灭菌。常用的常压蒸汽灭菌主要有巴氏消毒法、间歇灭菌法和蒸汽持续灭菌法。

② 高压蒸汽灭菌

高压蒸汽灭菌法是微生物学研究和教学中应用最广、效果最好的湿热灭菌法。其原理是将待灭菌的物体放置在盛有适量水的高压蒸汽灭菌锅内，把锅内的水加热煮沸，并把其中原有的冷空气彻底驱尽后将锅密闭。再继续加热就会使锅内的蒸汽压逐渐上升，从而温度也随之上升到 100℃ 以上。一般来说，121℃（压力为0.1MPa）处理 15～30min 足以杀死指示菌——嗜热脂肪地芽孢杆菌（*Geobacillus stearothermophilus*），是最常用的高压蒸汽灭菌条件。此法适合于微生物学实验室、医疗保健机构或发酵工厂中对培养基及多种器材、物品的灭菌。

在使用高压蒸汽灭菌器进行灭菌时，蒸汽灭菌器内冷空气的排除是否完全极为重要，因为空气的膨胀压大于水蒸气的膨胀压，所以当水蒸气中含有空气时，压力表所表示的压力是水蒸气压力和部分空气压力的总和，不是水蒸气的实际压力，它所对应的温度与高压蒸汽灭菌器内的温度是不一致的。这是因为在同一压力下的实际温度，含空气的蒸汽低于饱和蒸汽（表 1-1）。

表 1-1 高压蒸汽灭菌器中留有不同体积的空气时，压力与温度的关系

压力数值		温度/℃				
MPa	kgf/cm²	全部空气排出时	2/3空气排出时	1/2空气排出时	1/3空气排出时	空气完全不排出时
0.03	0.35	108.8	100	94	90	72
0.07	0.70	115.6	109	105	100	90
0.10	1.05	121.3	115	112	109	100
0.14	1.40	126.2	121	118	115	109
0.17	1.75	130.0	126	124	121	115
0.21	2.10	134.6	130	128	126	121

由表 1-1 看出，如不将灭菌器中的空气排除干净，就达不到灭菌所需的实际温度，也不能达到完全灭菌的目的。

在空气完全排除的情况下，一般培养基只需在 0.1MPa 下灭菌 30min 即可。但对某些形体较大或蒸汽不易穿透的灭菌物品，如固体曲料、土壤等，则应适当延长灭菌时间，或将蒸汽压力升到 0.15MPa 保持 1～2h。

高压蒸汽灭菌的主要设备是高压蒸汽灭菌器，如图 1-4 所示，高压蒸汽灭菌器

有小型的手提式灭菌锅、较大的立式灭菌锅和更大的卧式灭菌器等不同类型。实验室常用手提式灭菌锅和立式灭菌锅进行灭菌。灭菌锅属于压力容器，使用时应遵守相关规定。

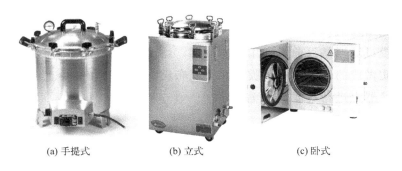

(a) 手提式　　　　(b) 立式　　　　(c) 卧式

图 1-4　常见高压蒸汽灭菌器

1.2.2　过滤除菌

过滤除菌是指将带菌的液体或气体通过一个被称为滤器的装置，利用机械阻留和静电吸附等原理除去介质中的微生物。此法适用于一些对热不稳定的、体积小的液体培养基及气体除菌。过滤除菌的最大优点是不破坏培养基的化学成分。

（1）过滤器的种类

① 空气滤菌器

常用棉纤维或玻璃纤维作介质，棉纤维直径为 $16\sim20\mu m$，形成的棉花网格大约为 $20\sim50\mu m$，虽然微生物比网格小得多，但菌体尘埃微粒随气流经过棉花网格通道时受到阻拦，并无数次改变速度与方向，引起带菌体的尘埃微粒对滤层纤维产生惯性冲击，因阻拦、重力沉降、布朗扩散、静电吸附等作用而被截留在纤维表面上。

实验室中经常使用的空气过滤器是棉滤管过滤器，长为 $10\sim15cm$，直径为 $2cm$，两端在煤气灯上吹成球形，形状如图 1-5 所示。

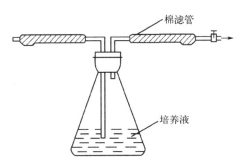

棉滤管

培养液

图 1-5　棉滤管过滤器示意图

② 液体滤菌器

液体滤菌器种类较多，有瓷制的、玻璃制的、石棉制的以及火胶棉一类胶体制的，在每个种类滤菌器中又有许多型号。但不论是哪一种类的滤菌器，都可以按过滤孔径的大小，归并为几种不同的型号。

常见的滤菌器有尚柏朗氏、伯克菲尔氏、赛氏、玻璃滤菌器和滤膜滤菌器几种。其中滤膜过滤是目前最常用的滤菌器。滤膜是由火胶棉、醋酸纤维素、硝酸纤维素等物质做成的薄膜，将薄膜放在类似布氏漏斗的特制滤器上或代替石棉滤板放在赛氏过滤器上进行过滤（图1-6）。

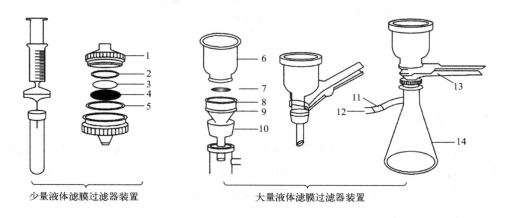

图1-6　滤膜过滤器装置

1—入口端；2—垫圈；3—微孔滤膜；4—支持板；5—出口端；6—漏斗；

7—滤膜；8—多孔滤板（熔合在基座上）；9—基座；

10—橡皮塞；11—棉花；12—接真空泵；13—夹子；14—灭菌三角瓶

滤膜过滤器有孔径大小不同的多种规格（如 $0.1\mu m$、$0.22\mu m$、$0.3\mu m$、$0.45\mu m$ 等），过滤细菌常用 $0.45\mu m$ 孔径，其优点是吸附性小，即溶液中的物质损耗少，滤速快，每张滤膜只使用一次，不用清洗。

（2）过滤装置

① 按图1-7进行安装，为阻止空气中细菌进入滤瓶在接管处塞入滤芯或者棉花，抽滤瓶外用纸包好进行121℃湿热灭菌20min。

② 为加快过滤速度，一般用负压抽气过滤，可接真空泵进行抽滤。

过滤除菌可用于对热敏感的液体的除菌，如含有酶或维生素的溶液、血清等。有些物质即使加热温度很低也会失活，有些物质辐射处理也会造成损伤，此时过滤除菌就成了唯一的可供选择的灭菌方法。

有些微生物学研究工作需要收集或浓缩细菌细胞，诸如进行细菌三亲本杂交、抗性筛选和同步生长实验等都需要利用一次性的针头式过滤器进行操作（图1-8）。在菌液过滤过程中，细菌细胞由于不能通过滤膜而被收集在膜表面。使用 $0.22\mu m$

孔径滤膜虽然可以滤除溶液中存在的细菌，但病毒或支原体等仍可通过。必要时需使用小于 $0.22\mu m$ 孔径的滤膜，但滤孔容易堵塞。

图 1-7　过滤装置安装

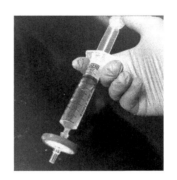

图 1-8　一次性针头式过滤器

1.3　实验器材

1.3.1　待灭菌材料

移液管、培养基、培养皿等。

1.3.2　实验仪器

电热恒温干燥箱、立式灭菌锅等。

1.3.3　实验材料

不锈钢锅、一次性注射器、小烧杯、一次性有机相针头式过滤器和一次性水相

9

针头式过滤器等。

1.4 实验方法和步骤

1.4.1 了解电源开关的位置

电热恒温干燥箱和电热灭菌器都属于大功率电器，安装和使用过程需要严格遵守有关规定。使用前应详细阅读仪器的操作说明书，了解仪器的使用方法。还应清楚实验室电源开关位置和关闭的方法，以便发生故障时，可以及时关闭电源，避免事故的进一步扩大。

1.4.2 用电热恒温干燥箱进行干热灭菌

（1）装箱　将需要灭菌的玻璃器皿如培养皿、移液管等洗涤干净，晾干后用牛皮纸或者报纸包裹好（图 1-9），放入灭菌专用的不锈钢筒内，放入电热恒温干燥箱内，关好箱门。

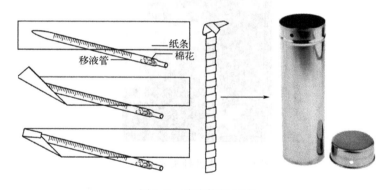

图 1-9　移液管的包装

（2）灭菌　接通电源，打开电热恒温干燥箱的开关，设定温度为 160～170℃，达到设定温度后，开始计时，时间为 1～2h。

（3）灭菌结束　关闭电热恒温干燥箱的电源。待温度自然降至 60℃后，打开电热恒温干燥箱的箱门，取出物品备用。

1.4.3 用立式灭菌锅进行高压蒸汽灭菌

（1）加水　使用前在锅内加入适量的水，加水不可过少，以免引起炸裂事故，加水过多有可能引起灭菌物积水。

（2）装锅　将灭菌物品放在灭菌桶中，不要装得过满。将灭菌锅盖好。

（3）设定灭菌温度及时间　接通电源，电源指示灯及加热指示灯亮，锁紧灭菌锅盖，按模式键选择适当的灭菌模式，然后按设定键设定所需灭菌温度及时间。

二维码1-1　高压
灭菌锅使用

（4）加热灭菌　按下开始键，灭菌锅自动开始加热升温，当温度、压力升至预置灭菌温度值时，加热灯灭，仪器进入恒温控制状态进行灭菌，计时器自动计时。传统的非全自动灭菌器，需要在加热至水沸腾前，维持排气阀在打开状态，并在锅内水达到沸腾后继续维持 2～3min 以排除冷空气。如灭菌物品较大或不易透气，应适当延长排气时间，务必使空气充分排除，然后将排气阀关闭。

（5）出锅　待灭菌时间到达设置时间后，蜂鸣器发出警示音，灭菌结束。根据选择的模式不同，灭菌锅会自动排汽或者进入保温状态。继续等待，当压力降至"0"处，温度继续降至 100℃ 以下后，打开灭菌锅盖的锁紧开关，开盖，取出灭菌物。

注意：切勿在锅内压力尚在"0"点以上，温度也在 100℃ 以上时开启排气阀，否则会因压力骤然降低而造成培养基剧烈沸腾冲出管口或瓶口，污染棉塞，用于培养时引起杂菌污染。

（6）保养　灭菌完毕取出物品后，将锅内余水倒出，以保持内壁及内胆干燥，盖好盖子，关闭电源。

1.4.4　用针头式过滤器进行过滤除菌

（1）氨苄青霉素储备液　称量氨苄青霉素钠 0.5g，置于无菌洁净小烧杯中，加入无菌蒸馏水 9.5mL 溶解。将溶液吸入一次性注射器中，拔去注射器的针头，撕开一次性水相针头式过滤器的外包装，将过滤器安装在注射器前端窄口处，注意安装牢固。一手持过滤器，一手持注射器，将氨苄青霉素溶液推过一次性过滤器，用无菌的 1.5mL 离心管收集滤液，每管约 1mL。过滤时应注意避免针头式过滤器的出口接触其他物体。盖上离心管，做好标记，-20℃ 保存，用前取出，置于室温融化。该氨苄青霉素储备液质量浓度为 50mg/mL，稀释 500～1000 倍使用。

（2）氯霉素储备液　称取氯霉素 0.25g，置于无菌洁净小烧杯中，然后加无水乙醇 9.75mL 溶解。用一次性有机相针头式过滤器过滤，用无菌的 1.5mL 离心管收集滤液，每管约 1mL。盖上离心管，做好标记，-20℃ 保存。该氯霉素储备液质量浓度为 50mg/mL，稀释 1000 倍使用。

1.4.5　实验使用后材料和实验室环境消毒

（1）皮肤消毒　每次实验前，都应该进行手部皮肤消毒或戴一次性乳胶手套。按照六步洗手法用肥皂洗手后，用自来水冲洗干净，再用 75% 乙醇棉球擦拭皮肤。75% 乙醇棉球也用于一些精密仪器表面的消毒，同时除去灰尘。实验过程中微生物培养物溅到手部，可以用 2g/L 新洁尔灭溶液浸泡消毒，或者用碘伏消毒，再用自来水冲洗干净。实验结束后离开实验室前必须仔细洗手。

（2）微生物培养物消毒　实验过程中产生的各种带菌材料，可能会对人体或者环境造成危害，需要消毒或灭菌后再清洗或丢弃。微生物污染的移液管和涂布棒等器皿可以浸入消毒剂中浸泡消毒，常用 50g/L 苯酚、2g/L 新洁尔灭等化学药剂浸泡 30min，或放入不锈钢锅中煮沸消毒 20min。致病力较强的微生物污染的各种器皿和微生物的培养物，应采用高压蒸汽灭菌后，再丢弃。

（3）超净工作台消毒　超净工作台和实验台的台面应保持洁净，每次实验前应擦拭干净，并用 2g/L 新洁尔灭溶液或 75% 乙醇擦拭消毒。超净工作台应在实验前用紫外灯消毒至少 30min，操作过程中需要打开无菌通风。实验时溅落台面或地面的培养基应及时擦拭干净，溅落的培养物需要用 2g/L 新洁尔灭溶液或漂白粉消毒 30min，再擦拭干净。如果溅落的微生物量较大，应戴一次性乳胶手套，用抹布尽量吸净菌液，然后将抹布高压蒸汽灭菌，残余的微生物再用 2g/L 新洁尔灭溶液或漂白粉消毒 30min。

（4）无菌间的消毒和灭菌　无菌间又称净化实验室，是环境微生物学实验常用的场所，相对密闭，空气流通不畅。实验过程中，各种培养基的溅落和霉菌孢子的飞散不可完全避免，因此净化实验室非常容易滋生各种微生物。净化实验室应每日清洁，并定期采用不同方法消毒和灭菌。一般来说，每次使用净化实验室前应用紫外线消毒 30min 以上，操作过霉菌后应该及时进行紫外线消毒。每年用臭氧消毒 4～6 次，并经常用过氧乙酸、新洁尔灭等消毒剂擦拭净化实验室的物体表面。

1.5　实验报告

（1）简述干热灭菌的步骤和注意事项。
（2）简述高压蒸汽灭菌的步骤和注意事项。

1.6　注意事项

（1）干热灭菌时，玻璃器皿需要晾干后才可干热灭菌，有水的玻璃器皿在干热灭菌过程中容易炸裂。灭菌物品不可堆得太满、太紧，以免影响热空气的流通，造成局部温度过低、灭菌不彻底。电热恒温干燥箱的加热元件，位于底板下面，因此不能直接将灭菌物品放在电热恒温干燥箱底板上，防止包装纸或棉花由于过热被烤焦甚至燃烧。需等温度降至 60℃ 以下才能打开箱门取出物品，以免烫伤，同时防止玻璃器皿因温度骤降而炸裂。

（2）立式灭菌锅属于压力容器，需要定期做安全检查。使用前，应检查安全检查记录是否完整，是否在有效期内。

（3）使用立式灭菌锅时，必须按照要求加足量水，水位过低时加热，会烧干培养基甚至引发事故。使用时注意高压蒸汽与高温锅体表面，避免发生烫伤等事故。

（4）干热灭菌、高压蒸汽灭菌和煮沸消毒时，实验人员必须在场，以防发生意外。

1.7　思考题

（1）消毒和灭菌有哪些常用方法，原理分别是什么？

（2）干热灭菌、高压蒸汽灭菌和过滤除菌分别有哪些优缺点？

（3）假设装有微生物菌液的玻璃器皿不慎落在地上，玻璃破碎，菌液溅出，应该如何进行后续处理？

实验二
普通光学显微镜的构造和使用

2.1　实验目的

（1）了解普通光学显微镜的基本构造和工作原理；

（2）掌握普通光学显微镜的正确使用方法；

（3）掌握油镜的使用和维护技巧。

2.2　实验原理

显微技术是微生物学实验中一项非常重要的实验技术，在微生物的研究中起着不可或缺的重要作用。一切肉眼直接观察不到或看不清的微小生物，统称为微生物。因此微生物不是生物分类学上的专门名词，而是一些个体微小、构造简单的低等生物的总称。微生物的大小通常仅为一微米到几十微米（$1mm=1000\mu m$），因此必须借助显微镜才能看到微生物的形态。十七世纪荷兰人列文·虎克发明了第一台光学显微镜，首次把微生物世界展现在人类面前，至今已 300 余年。光学显微镜的发明对微生物的发展起到了不可估量的作用。在长期的实践和研究中，显微技术不断推陈出新，显微镜已经成为微生物学研究工作者不可缺少的基本工具之一。按照光源来分类，显微镜可以分为普通光学显微镜、荧光显微镜、激光共聚焦显微镜和电子显微镜等。普通光学显微镜使用可见光作为光源，是环境工程微生物学实验使用最广泛的显微镜。从事微生物学教学、科研的人员，都应该了解光学显微镜的构造、功能并掌握其正确的使用方法。

2.2.1　普通光学显微镜的构造

普通光学显微镜由机械系统和光学系统两部分组成，其基本构造如图 2-1 所示。

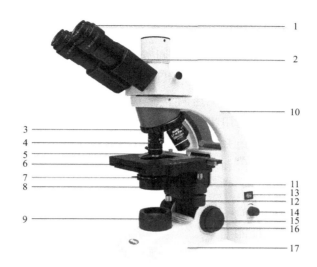

图 2-1　普通光学显微镜的构造

1—目镜；2—镜筒；3—物镜转换器；4—物镜；5—玻片夹；6—载物台；

7—聚光器；8—可变光阑；9—光源；10—镜臂；11—纵向移动手轮；12—横向移动手轮；13—电源开关；

14—亮度调节旋钮；15—细准焦螺旋；16—粗准焦螺旋；17—镜座

（1）机械系统

机械系统是普通光学显微镜的主体框架，包括镜座、镜臂、镜筒、物镜转换器、载物台、调焦旋钮等。

① 镜座：镜座位于光学显微镜的最底端，呈马蹄形，起稳固和支撑显微镜的作用，使显微镜能够平稳地放置在水平桌面上。

② 镜臂：镜臂和镜座一起构成显微镜的基本骨架，用以支持镜筒，也是移动显微镜时需要手握的部分，有固定式和活动式两种。

③ 镜筒：镜筒是连接目镜和物镜的一个金属或塑料制的圆筒。单筒显微镜又可分为直立式和倾斜式两种，双筒显微镜的镜筒都是倾斜结构，倾斜角度一般为45°。镜筒上端安装目镜，下端与物镜转换器相连接。镜筒的长度一般是固定的，通常为160mm，有些显微镜的镜筒长度可以调节。

④ 物镜转换器：物镜转换器是一个用于安装 4～6 个不同放大倍数物镜的圆盘，位于镜筒下端。为了使用方便，物镜一般按照低倍到高倍的顺序安装。根据观察需要，转动物镜转换器，将其中一个物镜和镜筒接通，与镜筒上端的目镜构成一个放大系统。转换物镜时，必须用手旋转物镜转换器的圆盘部分，切勿用手推动物镜，以免物镜松脱而导致损坏。

⑤ 载物台：又称镜台，是物镜下方的平台，是放置标本的地方，呈圆形或者方形，中间有一孔，为光线通路。载物台上装有玻片夹（用于固定被检标本）和移

15

动手轮（调节纵向或横向移动手轮可以使标本前后、左右移动）。有些载物台上装有刻度标尺，用于指示标本的位置，便于重复观察。

⑥ 调焦旋钮：又称调焦螺旋，用于调节物镜与标本间的距离，由安装在镜臂基部两侧的粗调螺旋和细调螺旋组成。粗调螺旋又称粗准焦螺旋，转动时可使载物台作快速和较大幅度的升降，能迅速调节物镜和标本之间的距离使物像呈现于视野中。通常在使用低倍镜时，先用粗准焦螺旋迅速找到物像。细调螺旋又称细准焦螺旋，转动时可使载物台缓慢地升降，多在运用高倍镜时使用，从而得到更清晰的物像，并借以观察标本不同层次和不同深度的结构。

（2）光学系统

光学系统是显微镜的核心，包括目镜、物镜、聚光器和光源等，其中物镜的光学参数直接影响显微镜的性能。

① 目镜：安装在显微镜镜筒上端，供实验人员用双眼进行标本观察。它的功能是把物镜放大的物像再次放大。目镜一般由两片透镜组成。上面一片（近目端）为接目透镜，下面一片为聚透镜。在两片透镜之间或在物镜下方有一空心圆形光阑。由于光阑空心圆的面积大小决定着视场的大小，光阑的边缘即视场的边缘，故又称之为视场光阑。标本成像于光阑限定的范围之内，在光阑的边缘上固定一小段金属丝作为指针，指示视野中标本的具体位置。在进行显微测量时，视野光阑上还可以安装目镜测微尺。目镜有 $5\times$、$10\times$、$15\times$、$20\times$ 等放大倍数，可根据需要选用。不同放大倍数的目镜，其口径统一，与镜筒的口径也一致，可互换使用。

② 物镜：在显微镜的光学系统中，物镜是最重要的部件，其性能直接影响着显微镜的分辨率，它的功能是把标本初次放大，产生实像。物镜安装在能手动旋转的物镜转换器上，供实验者观察标本时选用不同放大倍数的物镜，物镜的放大倍数有 $10\times$（低倍）、$20\times$（中倍）、$40\times$（高倍）和 $100\times$（油镜）几种。在使用低倍、中倍、高倍物镜进行标本观察时，物镜与玻片之间的折光介质为空气，这些物镜统称为干燥系物镜。而放大倍数为 100 倍的油镜在使用时须在玻片上滴加香柏油，将油镜浸入到油滴中，使物镜与玻片之间的折光介质为油，故油镜被称为油浸系物镜。油镜的镜筒外壁上一般刻有"OIL"或者"HI"字样，有的刻有一圈红线或黑线，以区别于干燥系物镜。在所有物镜上均标有放大倍数（如 $10\times$、$40\times$、$100\times$）、数值孔径（NA，又称镜口率，如 0.35、0.65、1.25）、工作距离（物镜下端至盖玻片的间距，即标本在焦点上最清晰时，物镜与样品之间的距离，如 7.65mm、0.5mm、0.198mm）、镜筒长度（如 100mm、160mm）以及盖玻片厚度要求（通常为 0.17mm）等参数（图 2-2）。

③ 聚光器：由聚光镜和可变光阑组成，它的功能是把平行的光线聚焦于标本上，增强照明度。聚光器安装在显微镜载物台下，可上下移动，边框上刻有数值孔

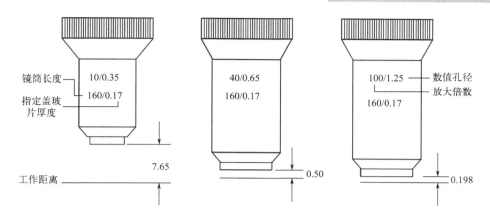

图 2-2　部分型号物镜的主要参数（单位：mm）

径值。当用低倍物镜时聚光器应下降，用油镜时须上升到最高位置。聚光器下方装有可变光阑（虹彩光圈），由十几张金属薄片组成，可放大或缩小，通过调节光阑孔径的大小，调节光强度和数值孔径的大小。在观察较透明的标本时，光阑宜缩小些，这时分辨率降低，但是反差增强，从而使透明标本被看得更清楚。但不能将光阑调得太小，以免由于光的干涉现象而导致成像模糊。物镜焦距、工作距离与光阑孔径之间的关系见图 2-3。

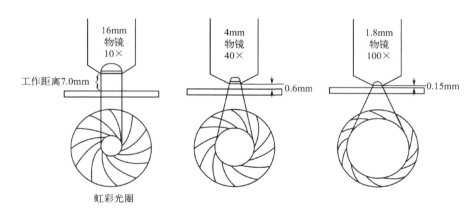

图 2-3　物镜焦距和工作距离与光阑孔径之间的关系

④ 光源：现代显微镜均以内置电光源替代采撷自然光的反光镜。在镜座电源开关的旁边，设有亮度调节旋钮，可调节光强度，选择观察时的最佳亮度。

2.2.2　普通光学显微镜的性能

（1）数值孔径

NA 是一个量纲为 1 的常数，用于衡量光学系统中收集光的角度范围。在光学显微镜领域，数值孔径描绘的是物镜收光锥角的大小，直接决定着光学显微镜的收光能力和空间分辨率的大小。光学系统的数值孔径是指介质的折射率与镜口角 1/2 的正弦的乘积，用公式（2-1）表示：

$$NA = n \times \sin(\alpha/2) \tag{2-1}$$

式中，n 为物镜与标本间介质的折射率；α 为镜口角（通过标本的光线延伸到物镜前透镜边缘所形成的夹角），见图 2-4。

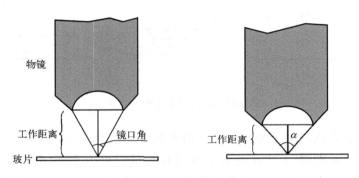

图 2-4　物镜的镜口角

数值孔径在定义中考虑了折射率因素的影响，因此数值孔径是一个与介质无关的常量。由于数值孔径直接决定着光学显微镜的最高分辨率，且与分辨率成正比，因此数值孔径越大，说明物镜的性能越好。

根据公式（2-1），理论上可以通过改变 α 或介质来增大物镜的数值孔径。影响 NA 值的第一个因素是 α，当 $\alpha = 180°$ 时，$\sin\alpha$ 的值最大，这意味着进入透镜的光线与光轴成 90°。但这是不可能实现的，由于介质密度的不同，光线从载物台上的样品玻片进入空气，再进入镜头，光线会发生折射或全反射，不能成 90° 进入镜头。目前所用的油镜其 α 为 120° 左右，所以 $\sin\alpha$ 的最大值总是小于 1。影响 NA 的第二个因素是 n，不同介质的折射率有所不同，如 $n_{空气} = 1.0$、$n_{水} = 1.33$、$n_{玻璃} = 1.52$、$n_{香柏油} = 1.515$。显微镜中以空气作为折光介质的低倍物镜（10×）和高倍物镜（40×），其 NA 值分别为 0.35（10×，低倍镜头）和 0.65（40×，高倍镜头），而分辨率 D 值则分别为 $0.78\mu m$（10×，低倍镜头）和 $0.42\mu m$（40×，高倍镜头），也就是说在这两组物镜下其分辨率分别不小于 $0.78\mu m$ 和 $0.42\mu m$，因此，可用 10× 的低倍和 40× 的高倍物镜对微生物中个体较大的霉菌（菌丝直径 2～$10\mu m$）、酵母菌 [（1～5）μm ×（5～30）μm] 进行观察。但对于大多数细菌来说，其直径为 $0.5～1\mu m$，低倍和高倍物镜的分辨率显然不能满足要求。观察实验表明，在低倍和高倍物镜下可以看到细菌，但细节不清楚，需要增加放大倍数并提高分辨率。

显微镜物镜中的油镜，其镜面很小，标本与镜面间的距离仅为 0.14～0.19mm，导致进入镜头的光线较少，视野的亮度较低，不易观察标本样品。为避免由于空气与玻片密度的不同致使光线发生折射，在镜头与玻片之间滴加折射率为 1.515（与玻璃折射率 1.52 相近似）的香柏油，则光线通过载玻片后直接经过香柏油进入物镜，几乎不发生折射（图 2-5），$NA = 1.515 \times \sin(120°/2) = 1.32$。当使用数值孔径为 1.32 的油镜，可见光波长为 550nm 时，$D = 208nm$，即油镜的分辨率可以达到 $0.21\mu m$。因为大多数细菌的直径在 $0.5\mu m$ 左右，故在油镜下可以清晰地观察到细菌的形态及某些结构（如细胞壁、核质、鞭毛、芽孢、荚膜等）。

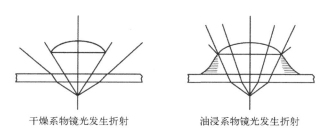

干燥系物镜光发生折射   油浸系物镜光发生折射

图 2-5 干燥系物镜和油浸系物镜光线通路

（2）分辨率

分辨率的大小是显微镜性能优劣的标志性参数，分辨率（D）是显微镜工作时能分辨出的物体两点间最小距离的能力，D 值愈小表明分辨率愈高，D 值可用公式（2-2）来表示：

$$D = \lambda/(2NA) \tag{2-2}$$

式中，λ 为可见光的波长，可见光的波长范围为 $400 \sim 700nm$，平均波长为 550nm。

根据以上公式，有两条途径可提高物镜的分辨率。

① 使用波长较短的光源。根据式（2-2），光的波长越短则显微镜的分辨率越高。早期的普通光学显微镜，利用镜座上凹凸两面的反光镜获得自然光，现代产品改用内置照明，但这两种光源的波长均不可能小于可见光波长 400nm。虽然利用紫外线作为光源可以提高分辨率，但应用范围非常有限，只适用于显微镜摄影而不适用于直接观察，而且紫外线对微生物具有明显毒害作用。缩短光的波长是提高光学显微镜分辨率难以逾越的障碍。因此电子显微镜以波长仅 $0.01 \sim 0.9nm$ 的高压电子束来替代普通照明光源，使分辨率得以大幅度提高，可达到 $0.1 \sim 0.3nm$。

② 增大物镜的数值孔径。在光的波长为定值时，要减小 D 值，必须增大 NA 的值。因此，增大 α 和提高介质折射率，均可以提高分辨率。

（3）放大率

普通光学显微镜的光学系统利用物镜和目镜两组透镜来放大成像，被观察样本先被物镜放大成像，然后经目镜放大成像。所谓放大率，是指目视普通光学显微镜时所形成虚像的角放大率，即虚像对眼的张角与肉眼直接观察物体时的视角之比。显微镜的总放大倍数是物镜放大倍数和目镜放大倍数的乘积。由于物镜和目镜的搭配不同，其分辨率也不同。例如，在总放大倍数相同的情况下，采用数值孔径大的40×物镜和10×目镜相搭配，其分辨率比数值孔径小的20×物镜和20×目镜相搭配时要高一些，效果也比较好。

2.3 实验器材

2.3.1 玻片标本

金黄色葡萄球菌（*Staphylococcus aureus*）和克雷伯氏菌（*Klebsiella* sp.）的草酸铵结晶紫染色涂片标本、酿酒酵母的临时水封片标本。

2.3.2 实验仪器

普通光学显微镜（以下简称为显微镜）。

2.3.3 实验材料

香柏油、镜头清洁液［乙醚乙醇混合液（$V_{乙醚}:V_{乙醇}=7:3$）或二甲苯］、擦镜纸、吸水纸。

2.4 实验方法和步骤

2.4.1 低倍镜观察酵母菌

二维码2-1　显微镜使用1

观察任何标本都必须先用低倍镜观察，因为低倍镜视野范围大，容易发现观察目标，确定观察部位。

（1）取出显微镜　将显微镜从显微镜箱或柜内拿出，用右手紧握镜臂，左手托住镜座底部，直立平移，平稳地将显微镜放置在实验台上，检查各部件是否齐全，镜头是否清洁。

（2）调节光源　打开显微镜电源，调节光亮度，调粗调螺旋降低载物台，旋转物镜转换器，将10×物镜移入光路，对准载物台孔（当旋转到位时，会听到清脆的咔嚓声，物镜会自动卡位），上升聚光器，用左眼观察目镜中视野的亮度，利用亮度调节旋钮进行调节，使视野中的光照达到明亮均匀为止。

（3）调节聚光器　根据视野的亮度和标本明暗对比度，调节聚光器的高度和可变光阑光圈的大小（和物镜NA相一致），达到较好的效果。

（4）放置标本　下降载物台，将酿酒酵母玻片标本（水封片）放置于载物台上，用玻片夹夹住，调节移动手轮使标本对准台孔。

（5）调焦　转动粗调螺旋，从侧面观察，将载物台上玻片标本调至物镜下约5mm处，然后从目镜观察，左手调粗调螺旋使载物台缓慢下降，右手调节移动手轮寻找待观察标本的物像，找到物像后调细调螺旋，直到物像清晰为止。调节移动手轮，使玻片标本前后左右移动，寻找合适视野。如果找不到物像的话，重复以上步骤。

（6）调节瞳距　通过向内或向外移动双目镜筒，使通过左右目镜观察到的图像合二为一。利用这一功能，可以测一下瞳距（图2-6）。

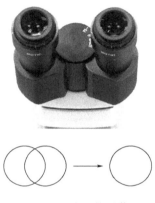

图 2-6　瞳距的调节

2.4.2　高倍镜观察酵母菌

（1）转换高倍镜　用低倍镜找到标本并调节清晰后，将欲放大的观察部位用移动手轮调到视野中央。用手按住转换器慢慢地旋转，当听到咔嚓一声即表明物镜已转到正确的工作位置上。

二维码2-2　显微镜使用2

（2）调焦　使用齐焦物镜时，只要从低倍镜转到高倍镜就可以看到物体，再稍调一下细调螺旋就可看清物像。如使用不齐焦的物镜，每转换一次物镜都要进行调焦。

（3）观察　低倍镜换到高倍镜观察时，视野变小、变暗，此时可适当调节光亮度、聚光器和可变光阑。调节移动手轮，使玻片标本前后左右移动，选择合适视野，仔细地观察酵母菌的形态构造，拍照或绘图记录结果。

2.4.3　油镜观察细菌

（1）放置玻片标本　将细菌的玻片标本（带菌面朝上）置于载物台上。

（2）寻找合适的视野　先用低倍镜及高倍镜寻找合适的观察部位，并将此部位调到视野中心。

（3）调节光亮度、聚光器和可变光阑　将光亮度调节至最大，聚光器上升到最高位置，可变光阑开到最大。

二维码2-3　显微镜使用3

（4）滴加香柏油　先将载物台稍微降低，然后取香柏油1～2滴，加到玻片标本待观察部位（切勿加多），再将油镜转到工作位置（注意避免其他物镜被香柏油污染），最后一边从侧面观察一边转动粗调螺旋缓慢提升载物台，使油镜镜头与香柏油刚刚接触为止，镜头与玻片相切。

（5）调焦　双眼从目镜中观察，同时缓慢转动粗调螺旋，下降载物台至出现模糊的物像。再调节细调螺旋至物像清晰为止。若找不到目的物，要检查是否调过了焦距，可能是载物台下降速度太快，以至眼睛捕捉不到一闪而过的物像。需要把油镜再次浸入香柏油中，重复调焦。

（6）观察　调节移动手轮，使玻片标本前后左右移动，选择合适视野，仔细观察细菌形态。

2.4.4　实验后处理

（1）关闭显微镜　关闭显微镜电源开关，降下载物台，取下玻片。

（2）放置物镜　将4×物镜转到工作位置，将载物台和聚光器移动至最低位置。

（3）清洁显微镜　先用小片擦镜纸将镜头上的香柏油擦去，然后用沾有镜头清洁液（乙醚∶乙醇＝7∶3，可以根据空气干燥程度调整体积比为6∶4）的擦镜纸反复将镜头上残留的香柏油擦掉，再用干燥的擦镜纸抹去残留的镜头清洁液。稍等片刻，最后用洁净的擦镜纸擦拭油镜，确认镜头上无香柏油残留。用干净的擦镜纸擦拭其他物镜和目镜。

（4）去除细菌涂片上的香柏油　加2～3滴镜头清洁液于涂片上，溶解香柏油，再用吸水纸轻轻压在涂片上，吸尽香柏油和镜头清洁液。

2.5　实验报告

（1）简述油镜的工作原理。

（2）绘制观察到的细菌形态并加以描述。

2.6　注意事项

（1）不要擅自拆卸显微镜的任何部件，以免损坏设备。

（2）擦拭镜头一定要用擦镜纸，不要用手指或粗布，以保持镜面的光洁度。

（3）观察标本时，须依次用低倍、中倍、高倍镜，最后再用油镜。在使用高倍镜和油镜时，请不要转动粗调螺旋降低镜筒，以免物镜与载玻片碰撞压碎玻片或损伤镜头。

（4）移动显微镜时，应一手紧握镜臂，另一手托住底座，镜身保持直立。切不可单手拎镜臂，更不可倾斜拎镜臂，避免显微镜不慎脱手砸伤人员或目镜从镜筒中脱落而损坏。

（5）沾有有机物的镜片会滋生霉菌，每次使用后，必须用擦镜纸擦净所有的目镜和物镜，并将显微镜存放在阴凉干燥处。

（6）镜头清洁液常用二甲苯或者乙醚乙醇混合液，由于二甲苯毒性较大，现在一般用乙醚乙醇混合液。用沾有镜头清洁液的擦镜纸擦拭镜头时，清洁液用量要少且擦镜纸不宜久抹，以防粘固透镜的树脂被溶解。

2.7　思考题

（1）使用油镜时应注意哪些问题？

（2）使用油镜时，能用其他介质代替香柏油吗？

（3）使用电子目镜能够提高显微镜的分辨率吗？

实验三
培养基的制作与灭菌

3.1 实验目的

（1）了解常见微生物营养需求和常用培养基的组成成分；

（2）掌握常用微生物培养基的配制方法；

（3）巩固高压蒸汽灭菌操作。

3.2 实验原理

培养基是用多种营养物质按微生物生长代谢的需要配制成的一种营养基质，用以培养、分离、鉴定、保存各种微生物或其代谢产物。按照各类组分的作用，其中的营养物质可以分为氮源、碳源、无机盐、生长因子和水等。由于微生物种类繁多，营养方式不同，对营养物质的要求各异，加之实验和研究的目的不同，所以培养基在组成成分上也各有差异。因此，应该根据微生物的特点和实际实验需要选用合适的培养基。但是，在不同种类或不同组成的培养基中，均应含有满足微生物生长繁殖且比例合适的水分、碳源、氮源、无机盐、生长因子以及某些特需的微量元素等。此外培养基还应具有适宜的酸碱度（pH 值）、缓冲能力、氧化还原电位和渗透压。

3.2.1 培养基的种类

（1）按培养基的营养物质来源分类

可将培养基分为天然培养基、合成培养基和半合成培养基三大类。使用培养基时，应根据不同微生物种类和不同的实验目的，选择需要的培养基。

① 天然培养基　指一些利用动植物或微生物产品包括其提取物制成的培养基。培养基的主要成分是复杂的天然物质，如马铃薯、豆芽、麦芽、牛肉膏、蛋白胨、鸡蛋、酵母膏、血清等，一般难以确切知道其中的营养成分。实验室常用的培养各种细菌所用的牛肉膏蛋白胨培养基，培养酵母菌的麦芽汁培养基等均属天然培养

24

基。这类培养基的优点是营养丰富、种类多样、配制方便；缺点是化学成分不甚清楚。天然培养基多适合于配制实验室用的各种基础培养基，以及生产中用的种子培养基或发酵培养基。

② 合成培养基　是一类采用多种化学试剂配制的各种成分（包括微量元素）及其用量都确切知道的培养基。例如培养细菌的葡萄糖铵盐培养基，培养放线菌的淀粉硝酸盐培养基（高氏一号培养基），培养真菌的蔗糖硝酸盐培养基（察氏培养基）等。合成培养基一般用于营养、代谢、生理、生化、遗传、育种、菌种鉴定和生物测定等要求较高的研究工作。

③ 半合成培养基　是既含有天然物质又含有纯化学试剂的培养基，被称为半合成培养基。这类培养基的特点是其中的一部分化学成分和用量是清楚的，而另一部分的成分还不十分清楚。例如，培养真菌用的马铃薯蔗糖培养基，其中蔗糖及其用量是已知的，而马铃薯的成分则不完全清楚。在微生物学研究中，半合成培养基是应用最广泛的一类培养基。

（2）按培养基外观的物理状态分类

可将培养基分成液体培养基、固体培养基和半固体培养基三类。

① 液体培养基　是指呈液体状态的培养基。微生物在液体培养基中生长时，可以更均匀地接触和利用营养物质，有利于微生物的生长和代谢产物的积累。在微生物学的研究和生产中，液体培养基的应用极其广泛。在实验室中主要用于各种生理、代谢研究和获得大量菌体。液体培养基还用于研究微生物的某些生理生化特性，如糖类发酵、V-P反应、吲哚反应、硝酸盐还原等。

② 固体培养基　外观呈固体状态的培养基，被称为固体培养基。根据固体的性质又可把它分为凝固培养基和天然固体培养基。如在液体培养基中加入1%～2%琼脂或5%～12%明胶作凝固剂，就可以制成加热可熔化、冷却后则凝固的固体培养基，此即凝固培养基。微生物培养时常用的凝固剂有琼脂、明胶、硅酸钠等，其中琼脂是应用最广的凝固剂。琼脂是由海洋红藻中的石花菜等加工制成，其成分主要为多糖类物质（琼脂糖约70%、琼脂果胶约30%）。琼脂化学性质较稳定，一般微生物不能分解利用，故用作凝固剂，不致引起化学成分的变化。琼脂在95℃以上温度时开始由凝胶熔化为溶胶。熔化后的琼脂，冷却到45℃时重新开始凝固。琼脂加热后可熔化，冷却后又可凝固，反复多次凝熔仍能保持性质不变。因此，用琼脂制成的固体培养基理化性质稳定，且在一般微生物的培养温度范围内（25～37℃）不会熔化，可保持良好的固体状态。此外，琼脂溶于水冷凝后，形成透明的胶冻，在用琼脂制成的固体培养基上培养微生物，便于观察和识别微生物菌落的形态。微生物实验中，琼脂培养基正广泛应用于微生物的分离、纯化、培养、保存、鉴定等工作。实验室中，琼脂的使用量一般可控制在1.5%～2.0%。

③ 半固体培养基　在凝固培养基中，如凝固剂含量低于正常量，培养基呈现

出在容器倒放时不致流动，但在剧烈振荡后能破散的状态，这种固体培养基即称半固体培养基，一般加 0.5% 的琼脂作凝固剂。半固体培养基在微生物学实验中有许多独特的用途，如细菌运动性的观察（在半固体琼脂柱中央进行细菌的穿刺接种，观察细菌的运动能力）、噬菌体效价测定（双层平板法）、微生物趋化性的研究、各种厌氧菌的培养以及菌种保藏等。

（3）按培养基的功能和用途分类

可将其分为基础培养基、加富培养基、选择培养基、鉴别培养基等。

① 基础培养基　代谢类型相似的微生物所需要的营养物质比较接近。除少数次要成分外，其大多数营养物质是相同的，例如牛肉膏蛋白胨培养基，含有多数有机营养型细菌所需的营养成分，是适用于培养细菌的基础培养基。同样，马铃薯葡萄糖培养基、麦芽汁培养基可作为酵母菌和霉菌的基础培养基。在实际工作中常根据某些微生物需求的大部分营养物相同这一原则，先配制一种基础培养基，再根据具体微生物的特殊需求，在基础培养基内加入所需要的其他物质。

② 加富培养基　也称增殖培养基。此类培养基是在培养基中加入有利于某种或某类微生物生长繁殖所需的营养物质，使这类微生物增殖速度快于其他微生物，从而使这类微生物能在混有多种微生物的培养条件下占有生长优势。培养基中加富的营养物质通常是被加富的对象专门需求的碳源和氮源。例如加富石油分解菌时用石蜡油，加富固氮菌时用甘露醇。自然界中数量较少的微生物，经过有意识的加富培养后再进行分离，就增大了分离到这种微生物的机会。

③ 选择培养基　在一定的培养基中加入某些物质或除去某些营养物质以阻抑其他微生物的生长，从而有利于某一类群或某一目标微生物的生长。有时也可在培养基中加入某些药剂（如染料、有机酸、抗生素等）以抑制某些微生物的生长，形成有利于特定微生物种类优先生长的条件。这种培养基是在 19 世纪末由荷兰学者 M. W. Beijerinck 和俄国学者 S. N. Winogradsky 发明的。我国在 12 世纪（宋代）时，根据红曲霉有耐酸和耐高温的特性，采用明矾调节酸度和用酸米抑制杂菌的方法，培养出纯度很高的红曲，实际上就是采用了选择培养基。混合样品中数量很少的某种微生物，如直接采用平板稀释涂布法或划线法进行分离，难以奏效。这时，利用该分离对象对某种抑菌物质的抗性，在混合培养物中加入该抑制物质，经培养后，原来占优势的他种微生物的生长受到抑制，分离对象可大大增殖，使之在数量上占据优势。通过这种办法，可选择性分离和培养多种微生物。用于抑制他种微生物的选择性抑制剂有染料（如结晶紫等）、抗生素和脱氧胆酸钠等，有利于选择培养的理化因素有温度、氧气、pH 值或渗透压等。

④ 鉴别培养基　此类培养基主要用来检测微生物的某些生化特性。一般是在基础培养基中加入能与某一微生物的无色代谢产物发生显色反应的指示剂，从而使该菌菌落容易与外形相似的他种菌落区分开来。常见的鉴别培养基是伊红美蓝培养

基，即 EMB 培养基。它在饮用水、牛乳中的大肠杆菌等细菌学检验以及遗传学研究上有着重要的用途。其中的伊红和美蓝两种苯胺染料可抑制革兰氏阳性细菌和一些难培养的革兰氏阴性细菌的生长。在低酸度时，这两种染料结合形成沉淀，起着产酸指示剂的作用。有些细菌在 EMB 培养基上产生容易区分的特征菌落，因而易于辨认。尤其是大肠杆菌（*Escherichia coli*），因其强烈分解乳糖而产生大量的混合酸，菌体带 H^+，故可染上酸性染料伊红，又因伊红与美蓝结合，所以菌落被染上深紫色。

此外，测定微生物其他生理生化特性用的培养基，也是应用类似的原理。例如，醋酸铅培养基可用于鉴别细菌是否产生硫化氢，明胶培养基可用来观察细菌是否有液化明胶的能力等。

3.2.2　培养基的配制方法

配制培养基的流程如下：原料称量、溶解（加琼脂还需熔化）；调节 pH 值；分装；密封和包扎；灭菌。

（1）原料称量、溶解

根据培养基配方，准确称取各种原料成分，在容器（常用铝锅或不锈钢锅）中加所需水量的一半，然后依次将各种原料加入水中，用玻璃棒搅拌使之溶解。不易溶解的原料如蛋白胨、牛肉膏等，可事先在烧杯中加少许水，加热溶解后再转移到容器中。用量很少的原料，不易称量，可先配制成高浓度的溶液，按比例换算后取一定体积的溶液加入容器中。待原料全部放入容器后，加热使其充分溶解，并补足需要的全部水分，即液体培养基。

配制固体培养基时，预先将琼脂称好（琼脂粉可直接加入，琼脂条用剪刀剪成小段，以便熔化），然后将液体培养基煮沸，再把琼脂放入，继续加热至琼脂完全熔化。在加热过程中应注意不断搅拌，以防琼脂沉淀在锅底烧焦，并应控制火力，以免培养基因暴沸而溢出容器。待琼脂完全熔化后，再补足因蒸发而损失的水分。

（2）调节 pH 值

液体培养基配好后，一般要调节至所需的 pH 值。常用盐酸及氢氧化钠溶液进行调节。调节培养基酸碱度最简单的方法是用精密 pH 试纸进行测定。用玻璃棒蘸少许培养基，点在试纸上进行对比。如 pH 值偏酸，则加 1mol/L 氢氧化钠溶液，偏碱则加 1mol/L 盐酸溶液，反复几次调节至所需 pH 值。此法简便快速，但毕竟较为粗放，难以精确。要准确地调节培养基 pH 值，可用 pH 计进行。

固体培养基酸碱度的调节与液体培养基相同，一般在加入琼脂后进行。进行调节时，应注意将培养基温度保持在 80℃ 以上，以防因琼脂凝固影响调节操作。

（3）分装

培养基配好后，要根据使用目的，分装到各种不同的容器中。不同用途的培养基，其分装量应视具体情况而定。要做到适量、实用，分装量过多、过少或使用容器不当，都会影响后续的使用。培养基是多种营养物质的混合液，大都黏度很高，在分装过程中，应注意不使培养基污染管口和瓶口，以免污染瓶塞，造成杂菌生长。

通常使用漏斗分装培养基，分装装置的下口连有一段橡皮软管，橡皮管下面再连一小段末端开口处略细的玻璃管或 1mL 塑料移液枪头，在橡皮管上夹一个弹簧夹。分装时，将玻璃管或移液枪头插入试管内，不要触及管壁。松开弹簧夹，注入定量培养基，然后夹紧弹簧夹，止住液体，再将其抽出试管，仍不要触及管壁或管口。

如果大量成批定量分装，可用定量加液器。即将培养基盛入 1000mL 或 500mL 定量加液器中，调好所需体积，然后通过抽吸、压送即可将定量培养基分装到试管中（注意加有琼脂的培养基不宜使用定量加液器分装）。培养基分装至试管的量，视试管大小及需要而定。若使用 15mm×150mm 的试管，液体培养基宜分装至试管高度的 1/4 左右；如果分装固体培养基或半固体培养基，在琼脂完全熔化后，应趁热分装至试管中，用于制作斜面的固体培养基的分装量一般为试管高度的 1/5，半固体培养基分装量宜为试管高度的 1/3 左右；分装至三角瓶的量，以不超过 1/2 为宜。

（4）密封和包扎

培养基分装到各种规格的容器（试管、克氏瓶等）后，应按管口或瓶口的不同大小分别塞以大小适度、松紧适合的塞子。现在的实验室已使用硅胶泡沫塞代替了棉塞，现介绍棉塞的制作（图 3-1、图 3-2），以备不时之需。

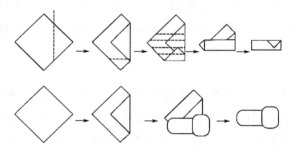

图 3-1　棉塞的制作

加塞后，可将若干支试管用牛皮纸扎在一起，并用绳子扎好。在三角瓶瓶塞外包一层牛皮纸或双层报纸，并用绳子扎好，然后用记号笔注明培养基名称、制作人、日期等。

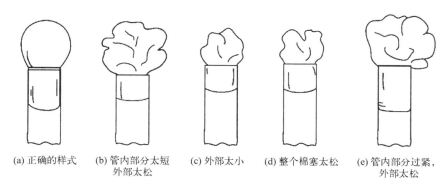

| (a) 正确的样式 | (b) 管内部分太短
外部太松 | (c) 外部太小 | (d) 整个棉塞太松 | (e) 管内部分过紧，
外部太松 |

图 3-2　棉塞的要求

（5）灭菌

培养基制备完毕后应立即进行高压蒸汽灭菌。如延误时间，会因杂菌繁殖生长导致培养基变质而不能使用。特别是在气温高的情况下，如不及时进行灭菌，数小时内培养基就可能变质。若确实不能立即灭菌，可将培养基暂放于4℃冰箱或冰柜中，但时间也不宜过久。

灭菌后，需做斜面的试管，应趁热及时摆放斜面（图3-3）。斜面的斜度要适当，使培养基斜面的长度不超过试管长度的1/2。摆放时注意不可使培养基污染塞子，冷凝过程中勿再移动试管，待斜面完全凝固后，再进行收存。灭菌后的培养基，最好置于28℃保温检查，如发现有杂菌生长，应及时再次灭菌，以保证使用前的培养基处于绝对无菌状态。

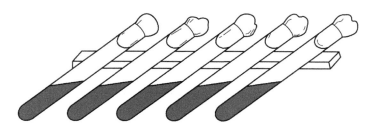

图 3-3　斜面的摆放

若培养基较长时间搁置不用或存储不当，往往会因污染、脱水或光照等因素而变质。所以培养基最好是现配现用，不宜一次配制过多。因工作需要或一时用不掉的培养基应放在低温、干燥、避光而洁净的地方保存。储放过程中，不要取下包扎纸，以减少水分蒸发。对其他含有染料或对光敏感的培养基，要特别注意避光保存，特别是避免阳光长时间直接照射。

3.3 实验器材

3.3.1 实验试剂

牛肉膏、蛋白胨、酵母粉、乳酸、孟加拉红水溶液、链霉素、NaCl、KNO_3、K_2HPO_4、$MgSO_4 \cdot 7H_2O$、$FeSO_4 \cdot 7H_2O$、葡萄糖、蔗糖、可溶性淀粉、琼脂、1mol/L NaOH 溶液和 1mol/L HCl 溶液。

3.3.2 实验仪器

高压蒸汽灭菌器、电磁炉、电子天平。

3.3.3 实验材料

新鲜马铃薯数个、烧杯、三角瓶、量筒、漏斗、试管、乳胶管、玻璃棒、弹簧夹、精密 pH 试纸（pH 为 6.4～8.0）、药匙、称量纸、牛皮纸、硅胶泡沫塞、棉绳、滤纸、不锈钢锅和纱布等。

3.4 实验方法和步骤

3.4.1 牛肉膏蛋白胨培养基的配制（培养一般细菌用）

（1）培养基配方

牛肉膏 3.0g，蛋白胨 10.0g，NaCl 5.0g，琼脂 15～20g，蒸馏水 1000mL，pH 为 7.4～7.6。

（2）操作步骤

① 称量药品　按实际用量计算后，按配方称取各种药品放入大烧杯中。牛肉膏可放在小烧杯或表面皿中称量，用热水溶解后倒入大烧杯；也可放在称量纸上称量，随后放入热水中，牛肉膏便与称量纸分离，立即取出纸片。蛋白胨极易吸潮，故称量时要迅速。

② 加热溶解　在烧杯中加入少于所需量的水，小火加热，并用玻璃棒搅拌，待药品完全溶解后再补充水分至所需量。若配制固体培养基，则将称好的琼脂放入已溶解的药品中，再加热熔化。此过程中，需不断搅拌，以防琼脂糊底或溢出，最后补足所需的水分。

③ 调 pH 值　测定培养基的 pH 值，上述溶液配制好后，溶液一般偏酸性，由于细菌适宜生长在中性至弱碱性的培养基中，需要调节 pH 以利于细菌生长。滴加 1mol/L NaOH 溶液，搅拌均匀后用 pH 试纸检定，调节 pH 为 7.4～7.6；若偏碱，

则用 1mol/L HCl 进行调节。pH 值的调节通常放在加琼脂之前。应注意 pH 值不要调过头，以免回调影响培养基内各离子的浓度。

④ 过滤 液体培养基可用滤纸过滤，固体培养基可用 4 层纱布趁热过滤，以利结果的观察。但是供一般使用的培养基，该步可以省略。

⑤ 分装 按实验要求，可将配制的培养基分装入试管或三角瓶内。分装时可用漏斗以免使培养基沾在管口或瓶口上面造成污染。

分装量：固体培养基约为试管高度的 1/5，灭菌后制成斜面；分装入三角瓶内以不超过其容积的一半为宜；半固体培养基以试管高度的 1/3 为宜，灭菌后垂直待凝。

⑥ 加塞 试管口和三角瓶口塞上硅胶泡沫塞。

⑦ 包扎 加塞后，可将若干支试管用牛皮纸扎在一起，并用绳子扎好。在三角瓶的硅胶泡沫塞外包一层牛皮纸。

⑧ 灭菌 培养基的灭菌时间和温度，需按照各种培养基的规定进行，以保证灭菌效果和不损培养基的必要成分。灭菌结束时，固体培养基中的琼脂集中在三角瓶底部，需要趁热轻轻摇动三角瓶，混匀琼脂。待培养基斜面冷却至 60℃ 左右（温度过高则斜面上冷凝水太多）后搁置斜面，管口一端搁在高度合适的木块或其他支持物上，调整搁置斜面的倾斜度，使斜面前沿不超过试管总长的 1/2 处。培养基经灭菌后，必须放置于 37℃ 温室培养 24h，无菌生长者方可使用。

3.4.2 高氏一号培养基的配制

(1) 培养基配方

可溶性淀粉 20g，KNO_3 1.0g，$K_2HPO_4 \cdot 3H_2O$ 0.5g，$MgSO_4 \cdot 7H_2O$ 0.5g，NaCl 0.5g，$FeSO_4 \cdot 7H_2O$ 0.01g，琼脂 20g，蒸馏水 1000mL，pH 为 7.4～7.6。

(2) 操作步骤

称量和溶解：先计算后称量，按用量先称取可溶性淀粉，放入小烧杯中，并用少量冷水将其调成糊状，再加少于所需水量的沸水，继续加热，边加热边搅拌，至其完全溶解，再加入其他成分依次溶解。对微量成分 $FeSO_4 \cdot 7H_2O$ 可先配成高浓度的储备液后再加入，方法是先在 100mL 水中加入 1g 的 $FeSO_4 \cdot 7H_2O$，配成浓度为 10g/L 的储备液，再在 1000mL 培养基中加入以上储备液 1mL 即可。待所有药品完全溶解后，补充水分到所需的总体积。

如要配制固体培养基，其琼脂熔解过程同牛肉膏蛋白胨培养基配制过程。

pH 值调节、分装、包扎、灭菌及无菌检查同牛肉膏蛋白胨培养基配制过程。

3.4.3 常用的真菌培养基的配制

(1) 马铃薯葡萄糖培养基（分离培养霉菌、酵母菌）

① 培养基配方

马铃薯（去皮）200g，葡萄糖（或蔗糖）20g，琼脂20g，水1000mL。上述培养基中加入1‰的酵母粉或蛋白胨，能促进孢子大量增加。

② 操作步骤

取新鲜马铃薯数个，要求未出芽、表面无明显变绿。去皮后切薄片，称取200g，放入不锈钢锅中，加水1000mL。加热至沸腾，维持微沸20min。用4层纱布过滤除去残渣，滤液加水至1000mL，再加入葡萄糖20g，混合均匀。分装到预先装有适量琼脂的三角瓶中，包扎，115℃灭菌20min。

（2）蔗糖硝酸钠培养基（察氏培养基，鉴定多数霉菌）

培养基配方：蔗糖30g，K_2HPO_4 1.0g，KCl 0.5g，$MgSO_4 \cdot 7H_2O$ 0.5g，$NaNO_3$ 3.0g，$FeSO_4 \cdot 7H_2O$ 0.01g，水1000mL，pH为7.0～7.2。

如用以分离霉菌时，可加乳酸调节成pH为5.0～5.5，制成酸性培养基。

（3）马丁氏培养基

① 培养基配方

葡萄糖10g，蛋白胨5g，K_2HPO_4 1.0g，$MgSO_4 \cdot 7H_2O$ 0.5g，琼脂15～20g，孟加拉红水溶液（1/3000）100mL，水1000mL。

② 操作步骤

a. 使用时加链霉素：取国产1g装链霉素一瓶，用无菌注射器注入无菌蒸馏水5mL。溶解后，吸取出0.5mL链霉素溶液，加入330mL无菌蒸馏水中即得0.03‰的链霉素溶液。

b. 上述基础培养基121℃灭菌30min，冷却至55～60℃，每10mL基础培养基加1mL 0.03‰链霉素溶液（链霉素含量为30μg/mL）。

3.4.4 生理盐水的配制（稀释微生物样品用）

NaCl 8.5g，加蒸馏水至1000mL溶解，121℃灭菌20min。

3.5 实验报告

记录所配制培养基的名称、配方、配制步骤和灭菌条件。

3.6 注意事项

（1）调pH值时要小心操作，避免回调。

（2）称量药品用的药匙不要混用，称完药品应及时盖紧瓶盖，避免药品受潮，特别是牛肉膏和蛋白胨很容易受潮。

（3）不同培养基灭菌的条件不同，注意区别。

（4）灭菌的培养基，最好在30℃培养过夜或室温放置数日，确认无菌后再使用。斜面培养基一般室温放置数日，既可以确认无菌，又可以蒸干表面的冷凝水。

3.7　思考题

（1）配制培养基有哪几个步骤？在操作过程中应注意些什么问题？请说明理由。

（2）培养基配制完成后，为什么必须立即灭菌？若不能及时灭菌应如何处理？已灭菌的培养基为什么要进行无菌检查？

（3）牛肉膏蛋白胨培养基属何种培养基？除了能培养细菌外，它能培养真菌和放线菌吗？高氏培养基属何种培养基？除培养放线菌外它能培养细菌和真菌吗？请说明理由。

实验四
无菌操作与周围环境中微生物的检测

4.1 实验目的

（1）掌握无菌操作倒平板的方法；
（2）用固体培养基平板检测周围环境中的微生物。

4.2 实验原理

在微生物学的研究中，不仅需要通过分离纯化技术从混杂的天然微生物群落中分离出特定的微生物，而且还必须随时注意保持微生物纯培养物的"纯洁"，防止其他微生物的混入。在分离、转接及培养纯培养物时防止其被其他微生物污染的技术被称为无菌操作技术，该技术是保证微生物学研究正常进行的关键。

常用到的无菌操作技术主要有无菌操作倒平板、接种技术和稀释技术。无菌操作倒平板是在无菌操作区域内（如超净工作台内或火焰旁的无菌操作区域内），将三角瓶中已熔化的无菌固体培养基转移至无菌培养皿中，在转移的过程中避免周围环境中的微生物污染，然后将培养皿平置于台面上，待固体培养基凝固，最后得到无菌的固体培养基平板（简称平板）。微生物在平板表面生长，如果细胞比较稀疏，单个细胞或邻近的多个同种细胞会形成肉眼可见、有一定特征的子代细胞群体，即菌落。由一个细胞（或孢子）繁殖形成的菌落，称为单菌落。多个菌落连接在一起就成为菌苔。

4.3 实验器材

4.3.1 培养基

牛肉膏蛋白胨培养基、马铃薯葡萄糖培养基（配方见实验三 3.4.1 和 3.4.3）。

4.3.2　实验仪器

高压蒸汽灭菌器、水浴锅、超净工作台、恒温培养箱。

4.3.3　实验材料

无菌培养皿、三角瓶、酒精棉球、点火器、酒精灯、记号笔、肥皂、纸币、硬币、玩具、头发等。

4.4　实验方法和步骤

4.4.1　固体培养基的熔化与冷却

将装在三角瓶内的无菌固体培养基置于灭菌锅中，105℃加热10min，操作同高压蒸汽灭菌。也可以放在水浴锅中煮沸加热，待培养基部分熔化后，轻轻晃动三角瓶，使瓶内受热均匀。继续加热至瓶内无块状物存在，确保固体培养基彻底熔化。熔化后的固体培养基放置于台面上，自然冷却至45～50℃即可倒平板。冷却过程中轻轻摇动三角瓶数次，以避免瓶底冷却过快出现块状凝聚。

4.4.2　倒平板

为降低平板污染的概率，倒平板前应清理实验台面。无菌操作倒平板的方法有持皿法（图4-1）和叠皿法两种。持皿法对操作要求较高，须在酒精灯旁进行。叠皿法对周围环境要求较高，一般需要在超净工作台内进行。

二维码4-1　无菌操作倒平板

图4-1　持皿法倒平板

（1）火焰旁持皿法倒平板

① 材料放置　将无菌培养皿与培养基放在酒精灯的左侧，便于取放。

② 无菌操作区　点燃酒精灯，酒精灯火焰旁的无菌操作区域在火焰的中上方周围，距离火焰 5cm 以内。

③ 倒平板

a. 用左手握住三角瓶的底部，右手旋松胶塞，然后将三角瓶倾斜，瓶口移至火焰旁的无菌操作区内。

b. 右手的小指和手掌边缘夹住胶塞并拔出，瓶口迅速过火焰一周。然后将三角瓶转交右手，右手握住三角瓶的底部，并用火焰封住瓶口（瓶口维持在无菌操作区内，并朝向火焰）。

注意：整个操作过程中，三角瓶应始终维持一定倾斜角度，瓶口不能朝正上方，并防止培养基流到外壁受到污染后再流回瓶口。

c. 左手取一套无菌培养皿，在无菌操作区内用中指、无名指托住培养皿底部，用小指挡住皿底近身体一侧，用食指挡住皿盖远离身体一侧，用拇指按住皿盖近身体一侧，迅速上推打开培养皿至皿口刚好可以伸入三角瓶口。

d. 三角瓶口迅速伸入打开的培养皿中，倒入熔化的固体培养基，每皿约15mL。盖上皿盖，轻轻晃动，使培养基铺满皿底，置于水平桌面待凝固。

e. 继续将培养基倒入其他培养皿中，直至培养基用尽，或将瓶口过火一周，将胶塞塞回，用牛皮纸包扎好，以便下次继续使用培养基。把残余少量固体培养基的三角瓶放入沸水中煮沸，琼脂熔化后再清洗、晾干。

（2）超净工作台内叠皿法倒平板

① 材料的准备和消毒　将无菌培养皿与培养基放在超净工作台内，培养皿放在酒精灯的左侧，所有培养皿叠在一起。开启超净工作台的无菌进风，打开紫外灯，消毒 30min。

② 点燃酒精灯　关闭紫外灯，15min 后点燃酒精灯，开始实验。

③ 倒平板

a. 左手握住三角瓶的底部，步骤同持皿法。

b. 拔出胶塞，将三角瓶转交右手，方法同持皿法。

c. 用左手打开叠放在最上面的一套培养皿，倒入熔化状态的固体培养基15mL，盖上皿盖。轻轻晃动，使培养基铺满皿底。把该皿移至超净工作台的其他水平位置待凝。

d. 依次将培养基倒入其余的培养皿。

④ 标记平板　待培养基完全凝固后，用记号笔在皿盖上做好标记，注明培养基名称、操作人和日期。

4.4.3　周围环境中微生物的检测

实验室的环境中存在着种类多样、数量庞大的微生物，特别是细菌和霉菌，容易对实验工作造成干扰。本次实验采用牛肉膏蛋白胨培养基和马铃薯葡萄糖培养基检测周围环境中的微生物，以了解进行环境工程微生物学实验时可能出现的污染微生物（杂菌）。

（1）取一个平板，分成四个区域，分别用未洗过的、用自来水清洗过的、用肥皂清洗过的和用酒精棉球擦过的手指在对应的区域上轻轻按压。注意力度要尽量保持一致。

（2）取一个平板，打开皿盖，置于酒精灯火焰旁 1min，然后盖上皿盖。

（3）取一个平板，打开皿盖，置于空气中 1min，然后盖上皿盖。

（4）取一个平板，分成四个区域，分别用纸币、硬币、玩具和头发进行涂布。

将以上平板置于恒温培养箱中 28℃培养 3～7d，观察并计数平板上的菌落。

4.4.4　实验后处理

实验结束后，将培养了微生物的平板高压蒸汽灭菌，培养皿清洗后晾干。如果用一次性培养皿，消毒后按照相应规定处理。

4.5　实验报告

观察不同培养基平板、不同接种方法所生长的微生物菌落特征及数量，记录实验结果。

4.6　注意事项

（1）倒平板的固体培养基温度以 45～50℃为宜，温度过高会在皿盖内侧和平板表面出现冷凝水，不利于在平板表面形成典型的菌落。温度过低，倒平板前或倒平板过程中出现的小凝块会造成平板表面不平整。

（2）在无菌操作倒平板过程中，切忌用手抓握三角瓶的瓶口，以免烫伤和造成污染。

（3）三角瓶瓶口、胶塞和皿底的上沿不能触碰手指、袖口、桌面等处，否则会造成严重的杂菌污染。

（4）操作时要避免空气流动，所在房间应密闭，周围人员不得走动，房间的空调应关闭。倒平板时操作者应上身直立，佩戴口罩。

4.7 思考题

（1）根据环境中微生物检测的结果，说明哪些操作可能会造成污染。

（2）为什么三角瓶的塞子应该拿在手中（无菌操作区以外），而不能放置在台面上？

实验五
细菌的简单染色和形态观察

5.1 实验目的

（1）学习微生物涂片染色的操作技术；

（2）掌握微生物简单染色的基本原理；

（3）观察细菌的形态和结构特征。

5.2 实验原理

5.2.1 染色的基本原理

由于微生物细胞含有大量水分（80％～95％），对光线的吸收和反射与水溶液的差别很小，与周围背景没有明显的色差，所以，除观察活体微生物细胞的运动性和直接计算菌数外，一般都必须经过染色，才能在显微镜下对细菌进行观察。染色观察时必须注意，染色后的微生物标本是死的，染色操作会导致微生物的形态与结构发生变化，不能完全代表其活细胞的真实情况。

微生物细胞的染色是借助物理和化学相互作用而实现的。物理作用包括细胞及细胞物质对染料的毛细现象、渗透、吸附、吸收作用等，使得染料渗入细胞。化学作用是利用细胞物质和染料化学性质不同而发生化学反应，如细胞物质作为酸性成分与碱性染料进行结合，使细胞较为稳定地着色。细胞内的一些成分为两性物质，其荷电与 pH 值密切相关，可以通过改变 pH 值改变它们的解离，让酸性成分吸附碱性成分或碱性成分吸附酸性成分，从而达到着色作用。

染色过程除上述因素影响外，还要受到细胞通透性、培养基组成、菌龄、染色液中的电解质含量、pH 值、温度、药物作用等因素的影响。

5.2.2 染料的种类和选择

染料可按其电离后染料离子所带电荷的性质，分为酸性染料、碱性染料和中性

（复合）染料等。

（1）酸性染料　这类染料电离后染料离子带负电，如伊红、刚果红、藻红、苯胺黑、苦味酸和酸性复红等，可与碱性物质结合成盐。例如当培养基因糖类分解产酸使 pH 值下降时，细菌所带的正电荷增加，这时选择酸性染料，易于着色。

（2）碱性染料　这类染料电离后染料离子带正电，可与酸性物质结合成盐。微生物实验室一般常用的碱性染料有美蓝、甲基紫、结晶紫、碱性复红、中性红、孔雀绿和番红等。例如细菌在一般情况下易被碱性染料染色。

（3）中性（复合）染料　酸性染料与碱性染料的结合物叫作中性（复合）染料，如瑞脱氏（Wright）染料和基姆萨氏（Gimsa）染料等，后者经常用于细胞核的染色。

5.2.3　简单染色

细菌是单细胞生物，体积小，菌落通过细胞间的毛细管作用吸水，因此典型的细菌菌落往往比较湿润、光滑、透明。细菌的基本形态主要分为球菌、杆菌、螺形菌三大类，环境工程微生物学中还包括丝状菌、星状和四方形细菌等。细菌经稀释分离或划线分离接种在固体培养基上，在适宜的培养条件下，单个菌体经生长繁殖在固体表面形成的菌落具有一定特征。细菌菌落大多数表面光滑湿润、有光泽，一般菌落较小，质地颜色均匀，同培养基结合不紧密。菌落特征与组成菌落的细胞结构、生长状况、排列方式、好气性和运动性等直接相关。细菌的菌落及个体形态特征是辨认、鉴定菌种的重要依据。细菌个体微小，且较透明，未经染色不易识别，必须借助染色法使菌体着色，与背景形成鲜明的对比，才能显示出细菌的一般形态及结构。细菌细胞的蛋白质等电点较低，在溶液中常带负电荷，因此，通常采用碱性染料进行细菌染色。

5.3　实验器材

5.3.1　菌种

大肠杆菌（*Escherichia coli*）、金黄色葡萄球菌（*Staphylococcus aureus*）、枯草芽孢杆菌（*Bacillus subtilis*）等。

5.3.2　实验试剂

（1）吕氏碱性美蓝染色液。

溶液 A：美蓝 0.3g，95％乙醇 30mL。

溶液 B：KOH 0.01g，蒸馏水 100mL。

分别配制溶液 A 和溶液 B，配好后混合即可。

（2）齐氏石炭酸复红染色液。

溶液 A：碱性复红 0.3g，95％乙醇 10mL。

溶液 B：石炭酸 5.0g，蒸馏水 95mL。

将碱性复红在研钵中研磨，逐渐加入 95％的酒精，继续研磨使之溶解，配成溶液 A。

将石炭酸溶解在蒸馏水中，配成溶液 B。然后将溶液 A 和溶液 B 混合即成。通常将此混合液稀释 5～10 倍使用。因稀释液易变质失效，故一次不宜多配。

（3）其他试剂：显微镜镜头清洁液（或二甲苯）、香柏油、无菌水。

（4）乙醇。

5.3.3　实验仪器和材料

普通光学显微镜、酒精灯、载玻片、接种环、擦镜纸、吸水纸、记号笔等。

5.4　实验方法和步骤

（1）涂片　取保存在乙醇溶液中的洁净载玻片一块，在酒精灯上烧去残留乙醇，待凉，用记号笔在右侧注明菌名、染色类型。在载玻片中央滴加一小滴无菌水，再用接种环以无菌操作的方法取少量菌苔，在载玻片的水滴中涂布均匀，成一薄层。若用菌悬液（或液体培养物）涂片，可用接种环挑取 2～3 环直接涂于载玻片上。

二维码5-1　简单染色

（2）干燥　涂片在室温下自然干燥，切勿在火焰上烘烤。

（3）固定　将已干燥的涂片菌面朝上，在微火上迅速通过 2～3 次，使得菌体与玻片结合牢固。

（4）染色　将已制好的涂片平放，加 1～2 滴染色液覆盖在细菌薄膜上，吕氏碱性美蓝染色 2～3min，齐氏石炭酸复红染色 1～2min。

（5）水洗　将染色液倒掉，涂片斜拿，用水由上至下冲洗，直到冲下的水无色为止。

（6）干燥　室温干燥，或用吸水纸吸干。

（7）镜检　可以观察到不同形状的细菌。

5.5　实验报告

（1）绘图说明观察到的细菌形态特征。

（2）简述简单染色法操作要点。

5.6　注意事项

（1）涂片过程中，取无菌水和细菌不宜过多，涂菌要均匀，不宜过厚。

（2）固定时温度不宜过高，以载玻片背面不烫手背为宜，如果温度太高会破坏细胞的形态。

（3）染色过程中勿使染色液干涸，水洗后应吸干载玻片上的残水，以免染色液被稀释而影响染色效果。

（4）水洗时，不应直接冲洗细菌涂面，水流不应过大、过急，以免细菌涂面被冲掉。

5.7　思考题

（1）染色时间取决于哪些因素？

（2）为什么细菌染色所用染料一般为碱性染料？为什么要彻底干燥后才能进行镜检？

实验六
细菌的革兰氏染色法

6.1 实验目的

（1）学习并初步掌握革兰氏染色法；
（2）了解革兰氏染色法的原理及其在细菌分类鉴定中的重要性。

6.2 实验原理

革兰氏染色法是 1884 年由丹麦细菌学家 H. C. Gram 创立的。通过革兰氏染色反应可以将所有细菌分为革兰氏阳性（G^+）菌和革兰氏阴性（G^-）菌两大类，G^+菌呈蓝紫色，G^-菌呈淡红色。之所以反应会呈现不同颜色，是由于细菌细胞壁的结构和成分不同。G^-菌细胞壁中含有较多易被乙醇溶解的类脂质，而且肽聚糖层较薄、结构较疏松，因此用乙醇脱色时，类脂质被溶解，细胞壁的通透性增加，使初染的结晶紫和碘的复合物易渗出，结果细菌就被脱色，再经过复染呈淡红色；G^+菌细胞壁中类脂质含量少，肽聚糖层较厚且与其特有的磷壁酸交联构成了三维网状结构，经过脱色处理后反而使肽聚糖层的孔径缩小，因此细菌仍保留初染时的颜色。革兰氏染色反应是细菌的重要特征之一，通过革兰氏染色不但可观察细菌的形态，还可以根据染色反应及着色的深浅对细菌加以初步分类和鉴定，因而应用较广。

6.3 实验器材

6.3.1 菌种

大肠杆菌（*Escherichia coli*）、金黄色葡萄球菌（*Staphylococcus aureus*）、枯草芽孢杆菌（*Bacillus subtilis*）。

6.3.2 实验试剂

（1）草酸铵结晶紫染液。

溶液 A：称取 2.0g 结晶紫，溶解于 20mL 95％乙醇。

溶液 B：称取 0.8g 草酸铵（NH_4）$_2C_2O_4 \cdot H_2O$，用 80mL 蒸馏水溶解。

将 A 和 B 两溶液混合，静置 48h 后过滤使用。

（2）卢戈氏碘液。

I_2 1.0g，KI 2.0g，蒸馏水 300mL。

先将 KI 溶解在少量蒸馏水中，再将 I_2 溶解于 KI 溶液，然后加水至 300mL
即可。

（3）番红染液。

番红（又名沙黄）2.5g，95％乙醇 100mL，蒸馏水 80mL。

将 2.5g 番红溶于 100mL 95％乙醇，贮存在棕色瓶中；用时取上述配好的番红
乙醇溶液 10mL 与 80mL 蒸馏水混匀即可。

（4）其他试剂：95％乙醇、显微镜镜头清洁液（或二甲苯）、香柏油、无菌水。

6.3.3 实验仪器和材料

普通光学显微镜、酒精灯、载玻片、接种针（环）、擦镜纸、三角瓶、烧杯等。

6.4 实验方法和步骤

6.4.1 制作涂片标本

涂片、干燥、固定［方法同 5.4 中步骤（1）～（3）］。

二维码6-1 革兰
氏染色

6.4.2 革兰氏染色

革兰氏染色具体步骤如图 6-1 所示。

（1）初染 将已固定的涂片平放，用草酸铵结晶紫染液染色约 1min，水洗。

（2）媒染 加卢戈氏碘液媒染 1min，水洗。用滤纸吸干残存水滴。

（3）脱色 将涂片倾斜置于烧杯上端，在白色背景下滴加体积分数为 95％的
乙醇，直到流下的染液刚刚不出现紫色时立即停止（约 0.5～1min）。脱色完毕后，
水洗，用滤纸吸干。

（4）复染 加番红（沙黄）染液 2 滴，染色 1～2min，水洗，用滤纸吸干。

6.4.3 镜检

若被染成蓝紫色则为革兰阳性菌（枯草芽孢杆菌、金黄色葡萄球菌），若被染

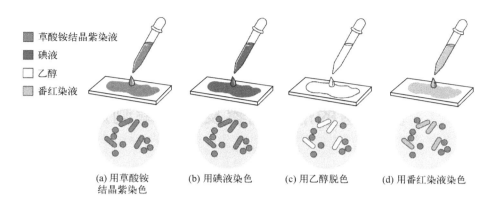

　■ 草酸铵结晶紫染液
　■ 碘液
　□ 乙醇
　■ 番红染液

(a) 用草酸铵　　　(b) 用碘液染色　　(c) 用乙醇脱色　　(d) 用番红染液染色
结晶紫染色

图 6-1　革兰氏染色步骤

成淡红色则为革兰阴性菌（大肠杆菌）。

6.5　实验报告

（1）绘制所观察菌种的革兰氏染色视野图。
（2）记录革兰氏染色法步骤，并进行结果分析。

6.6　注意事项

（1）应选用处于活跃生长期的细菌（幼龄菌）染色，G^+ 菌应培养 $12 \sim 16h$，G^- 菌（大肠杆菌）应培养 24h。若菌龄过大，由于菌体死亡或自溶，常常会发生 G^+ 菌转阴反应。

（2）酒精脱色恰当是革兰氏染色成功的关键步骤。脱色过度，G^+ 菌被误染成 G^- 菌，造成假阴性；脱色不完全，G^- 菌被误染成 G^+ 菌，造成假阳性。

（3）初染试剂的着色能力较强，复染试剂的着色能力较弱。

（4）涂片务求均匀，切忌过厚，如果涂片过厚可能会造成假阳性。

（5）在染色过程中，不可使染液变干。

6.7　思考题

（1）革兰氏染色过程中，哪些因素是成功的关键？为什么？
（2）革兰氏染色过程中，为什么特别强调选用处于活跃生长期的细菌？

实验七
酵母菌的形态观察及死亡率测定

7.1　实验目的

（1）掌握酵母菌的染色方法；

（2）了解自然存在的酵母菌及其形态结构；

（3）了解酵母菌产生子囊孢子的条件及其形态。

7.2　实验原理

　　酵母菌是一类包括酿酒酵母和非常规酵母在内的多种单细胞真菌的总称，其中酿酒酵母是重要工业微生物，广泛应用于生物医药、食品、轻工和生物燃料生产等不同生物制造领域。酵母菌细胞一般呈卵圆形、圆形、圆柱形或柠檬形。每种酵母细胞有其一定的形态和大小，大多数酵母菌无假菌丝或假菌丝不发达，正面与反面、中央与边缘部分颜色一致。少数酵母菌能形成发达的假菌丝，导致菌落边缘不整齐，表面常具有褶皱。大多数酵母菌在平板培养基上形成的菌落比细菌大且厚，湿润，较光滑，颜色比较单调（通常为乳白色，少有红色，偶见黑色）。酵母菌直径比细菌大 5～10 倍，且不如细菌菌落湿润和细腻。此外，酵母菌细胞核与细胞质有明显的分化。酵母菌的繁殖方式有无性繁殖和有性繁殖两种。其中无性繁殖中的芽殖，是酵母菌最普遍的繁殖方式。在良好的营养和生长条件下，酵母菌生长迅速，几乎所有的细胞上都长出芽体。芽细胞脱离母体，成为新个体；或不脱离母体，又长新芽，子细胞和母细胞连接在一起形成假菌丝或真菌丝。酵母菌主要以形成子囊和子囊孢子的方式进行有性繁殖。两个不同性别的细胞各伸出一个突起，然后穿越相连，相连处的细胞壁溶解，两个细胞的细胞质融合，接着两个单倍体的核融合成为结合子。结合后的核进行减数分裂形成 4～8 个单倍体的核，其外包细胞质形成子囊孢子，细胞壁演变成子囊壁。

　　活的微生物，由于不停地新陈代谢，细胞内氧化还原值（ORP）低，还原能力强。一些无毒的染料分子进入活细胞后，可以被还原脱色；而当染料进入死细胞和代谢缓慢的老细胞后，这些细胞因无还原能力或还原能力差而被着色。在中性和弱酸性条件下，活的细胞原生质不能被染色剂着色，若着色则表示细胞已经死亡，故可以此来区别活菌与死菌。实验室常用美蓝等低毒性的、易与细胞结合的染料进行活体染色。染色必须在高于细胞等电点的 pH 值下进行，保证细胞吸收足够的碱性染料分子，降低观察误差。

7.3　实验器材

7.3.1　菌种

酿酒酵母（*Saccharomyces cerevisiae*）、热带假丝酵母（*Candida tropicalis*）。

7.3.2　实验试剂

PDA 培养基、麦氏培养基（醋酸钠培养基）、0.05％美蓝染色液（用 pH 为 6.0 的 0.02mol/L 磷酸缓冲液配制）、无菌水、碘液、0.04％的中性红染色液、5％孔雀绿。

7.3.3　实验仪器和材料

普通光学显微镜、载玻片、擦镜纸、盖玻片、接种环等。

7.4　实验方法和步骤

7.4.1　酵母菌的活体染色观察及死亡率的测定

（1）用无菌水洗下 PDA 斜面培养基上的酿酒酵母菌苔，制成菌悬液。

（2）取 1 滴 0.05％美蓝染色液，置于载玻片中央，并用接种环取酵母菌悬液与染色液混匀，染色 2～3min，加盖玻片，于高倍镜下观察酵母菌个体形态，区分其母细胞与芽体，区分死细胞（蓝色）与活细胞（不着色）。

（3）在一个视野里计数死细胞和活细胞，共计数 5～6 个视野。

酵母菌死亡率一般用百分数来表示，以下式来计算：

$$死亡率＝死细胞总数/细胞总数×100％$$

7.4.2　酵母菌液泡的活体观察

取一滴中性红染色液，滴加到洁净载玻片中央，取少许上述酵母菌悬液与之混合，染色 5min，加盖玻片在显微镜下观察。细胞无色，液泡呈红色。

7.4.3 酵母菌细胞中肝糖粒的观察

在无菌载玻片中央滴加一滴碘液，用接种环接入上述酵母菌悬液，混匀，盖上盖玻片，于显微镜高倍下观察，细胞内的贮藏物质肝糖粒呈深红色。

7.4.4 酵母菌假菌丝的观察

取一片无菌载玻片浸于熔化的 PDA 培养基中，取出放在温室培养的支架上，待培养基凝固后，进行酵母划线接种。然后将无菌盖玻片盖在接菌线上，28℃培养 2～3 天后，取出载玻片，擦去载玻片下面的培养基，在显微镜下直接观察。可见到芽殖酵母形成的藕节状假菌丝或裂殖酵母形成的竹节状假菌丝。

7.4.5 自然状态下的酵母菌观察

取一滴美蓝染色液于无菌载玻片中央，春夏秋季取酱油或腌菜上的白膜，冬季取腌酸菜汤上的白膜，将其置于载玻片染色液中，盖上盖玻片，显微镜下仔细观察酵母菌形态、出芽生殖、假菌丝等。

7.4.6 酵母菌子囊孢子的观察

用接种环挑取少许生长在麦氏培养基上的酿酒酵母于载玻片上，干燥固定后制成涂片，用孔雀绿染色液进行染色，自然晾干后，置于油镜下观察子囊孢子。酵母菌的子囊为圆形大细胞，内有 2～4 个圆形的小细胞即子囊孢子。

7.5 实验报告

（1）绘制观察到的酵母菌细胞，展示观察到的结构；绘制子囊及子囊孢子形态图。

（2）记录并计算酵母菌的死亡率及子囊形成率（原始记录及计算结果）。

7.6 注意事项

可以稍微加热增加酵母菌的死亡率，易于观察死亡细胞。

7.7 思考题

（1）酵母菌的假菌丝是怎样形成的？与霉菌的真菌丝有何区别？

（2）如何区别营养细胞和释放出的子囊孢子？

实验八
酵母菌的显微镜计数测定

8.1　实验目的

（1）掌握血细胞计数板的构造和计数原理；

（2）掌握使用血细胞计数板进行微生物计数的方法。

8.2　实验原理

测定微生物数量的方法很多，通常采用的有显微镜直接计数法和血细胞计数板计数法。

显微镜直接计数法是一种借助显微镜和计数板，对以单细胞状态存在的微生物细胞或孢子进行直观、快速、简洁计数的方法，在生产实践和科学研究中具有一定的应用价值。直接计数法适用于各种单细胞菌体的纯培养悬浮液，如有杂菌或杂质，则难以直接测定。菌体较大的酵母菌或霉菌孢子可采用血细胞计数板，一般细菌则采用彼得罗夫·霍泽（Petrof-Hausser）细菌计数板。两种计数板的原理和构造相同，只是细菌计数板较薄，可以使用油镜观察。而血细胞计数板较厚，不能使用油镜，难以区分计数板下部的细菌。

利用血细胞计数板计数的原理：将适当稀释的微生物细胞或孢子液，加入血细胞计数板的计数室中，通过显微镜观察，逐个计数菌体。因计数室的体积是固定的，可根据计数室的体积换算得单位体积样品中的总菌数，这种方法计得的菌数是死菌与活菌的总和，因此又称之为总菌计数法。

血细胞计数板结构：血细胞计数板是一块特制的厚型载玻片，载玻片上有 4 条凹槽所构成的 3 个平台。中间的平台较宽，其中间又被一短横槽分隔成两半，每个半边上面各有一个计数室。计数室的刻度有两种：一种是一个计数室分为 16 个中方格（中方格用双线隔开），而每个中方格又分成 25 个小方格；另一种是一个计数区分成 25 个中方格（中方格之间用双线隔开），而每个中方格又分成 16 个小方格。但是不管计数室是哪一种构造，它们都有一个共同特点，即计数室都由 400 个小方格组成（图 8-1）。

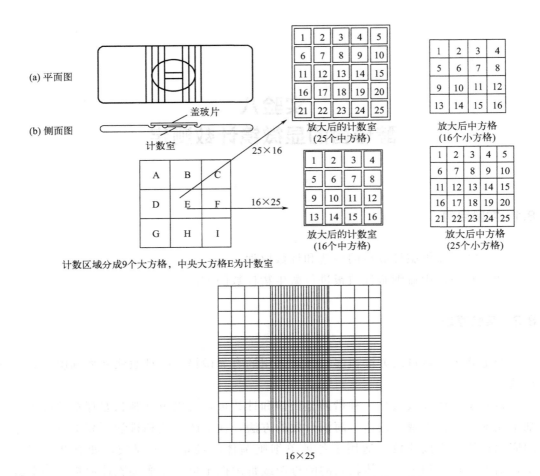

图 8-1 血细胞计数板平面、侧面与平面计数室方格放大示意图

计数室边长为 1mm，则计数室的面积为 $1mm^2$，每个小方格的面积为 $(1/400)$ mm^2。盖上盖玻片后，计数室的高度为 0.1mm，所以计数室的体积为 $0.1mm^3$，每个小方格的体积为 $(1/4000)$ mm^3。

使用血细胞计数板计数时，先要测定每个小方格中微生物的数量，再换算成每毫升菌液（或每克样品）中微生物细胞的数量。

已知：$1mL = 10mm \times 10mm \times 10mm = 1000mm^3$。

1mL 应含有小方格数为 $1000mm^3/[(1/4000)mm^3] = 4 \times 10^6$，即系数 $K = 4 \times 10^6$。

所以，每毫升菌悬液中含有的细胞数 = 每个小方格中细胞平均数×系数 K×菌液稀释倍数。

结合活体染色法，可以利用直接计数法计得活菌数和死菌数。常用对微生物无毒性的染料（如美蓝、刚果红、中性红等染料）与菌悬液混合，一段时间后，死菌和活菌呈现不同的颜色。用美蓝进行染色时，活细胞内代谢活性较强，能够把氧化态的美蓝（蓝色）还原为无色的还原态，而死细胞不能还原氧化态的美蓝，最终在显微镜下，活细胞呈无色而死细胞呈蓝色。

8.3　实验器材

8.3.1　菌种

酵母菌悬液。

8.3.2　实验仪器和材料

普通光学显微镜、血细胞计数板、盖玻片、显微镜镜头清洁液（或二甲苯）、磷酸缓冲液、香柏油、擦镜纸、吸水纸、95％乙醇等。

8.4　实验方法和步骤

8.4.1　总菌计数

二维码8-1　血细胞
计数板使用

（1）视待测菌悬液浓度，加无菌水适量稀释，充分振荡，使细胞分散，以每小格的菌数可数为度，计数室的每个中方格平均有 150～200 个细胞。

（2）取洁净的血细胞计数板一块，在计数区上盖上一块盖玻片。

（3）将酵母菌悬液摇匀，用滴管吸取少许，从计数板中间平台两侧的沟槽内沿盖玻片的下边缘滴入一小滴（不宜过多），让菌悬液利用液体的表面张力充满计数室，勿使气泡产生，并用吸水纸吸去沟槽中流出的多余菌悬液。也可以将菌悬液直接滴加在计数室上（注意不要使计数室两边平台沾上菌悬液，以免加盖盖玻片后，造成计数室实际的体积变大），然后加盖盖玻片（勿使气泡产生）。

（4）静置片刻，待菌体自然沉降后，计数。将血细胞计数板置于载物台上夹稳，在低倍镜下（将视野亮度调暗）找出计数室（即方格网）的位置，找到中间大方格后将其移至视野的正中央，再调至高倍镜（将视野亮度调亮）观察和计数。由于活细胞的折射率和水的折射率相近，观察时应适当关小光阑孔径并减弱光照的强度。

（5）若计数室是由 16 个中方格组成，计数时按对角线方位数左上、左下、右上、右下的 4 个中方格（即 100 小格）的菌数。如果是 25 个中方格组成的计数室，除数上述四个中方格外，还需数中央 1 个中方格的菌数（即 80 小格）。如菌体位于中方格的双线上，计数时数上线不数下线，数左线不数右线，以减小误差。

51

（6）对于出芽的酵母菌，芽体达到母细胞一半大小时，即可作为两个菌体计算。每个样品重复计数 2～3 次（每次数值不应相差过大，否则应重新操作），求出每一个小格中细胞平均数（N），按公式计算出每毫升（或每克）菌悬液所含酵母菌细胞数量。

（7）计数完毕，用水将血细胞计数板冲洗干净，切勿用硬物洗刷或抹擦，以免损坏网格刻度。再用 95% 乙醇棉球轻轻擦洗，洗净后自然晾干或用吹风机吹干。镜检确认计数板的计数室内干净后，才可以放入盒内保存。厚盖玻片也做同样的处理。

8.4.2 死、活菌计数

（1）用磷酸缓冲液制备酵母菌悬液，稀释至每个中格含 150～200 个细胞，方法同 8.4.1（1）。

（2）活体染色取 0.9mL 美蓝染色液加于试管中，再加 0.1mL（1）中的菌悬液，混匀，静置染色 10min 后计数，方法同 8.4.1。

（3）分别计数和计算中方格中死细胞（蓝色）和活细胞（无色）数量，再计算出活细胞所占比例。

（4）实验完毕，清理血细胞计数板和盖玻片，方法同 8.4.1（7）。

8.5 实验报告

将实验结果填入表 8-1 中。

表 8-1 实验结果

计数次数	每个中方格菌落数					稀释倍数	菌浓度/(个/mL)	平均值/(个/mL)
	1	2	3	4	5			
第一次								
第二次								

8.6 注意事项

（1）计数室内不可有气泡，若有气泡必须重做。

（2）为了计数准确，对于在方格线上的菌体，只计算在上侧和左侧边双线上的菌体。

（3）对芽殖酵母菌的计数，只有当芽体的大小与母细胞相当时才计为 1 个。

8.7　思考题

（1）血细胞计数板可以用来计数哪些类型的微生物？

（2）血细胞计数板技术的误差主要来自哪些方面？如何尽量减少误差，提高准确度？

（3）血细胞计数板测得的酵母菌活菌比例，同显微镜视野下测得的活菌比例是否有区别？为什么？

实验九
微生物菌体大小的测定

9.1 实验目的

（1）了解显微镜目镜测微尺和镜台测微尺的构造及使用原理；
（2）学习掌握测微尺测量微生物菌体大小的技术方法。

9.2 实验原理

微生物菌体的大小是微生物重要的形态特征之一，由于菌体微小，无法直接测量，只能在显微镜下使用显微镜测微尺测量。显微镜测微尺由目镜测微尺和镜台测微尺两部分组成（图 9-1）。

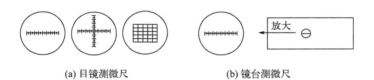

(a) 目镜测微尺　　　　　　　　　(b) 镜台测微尺

图 9-1　目镜测微尺和镜台测微尺

目镜测微尺是一块可放入目镜内的圆形玻片，在玻片中央刻有长度为 5mm 或 10mm 的标尺，按照间距 0.1mm 等分。测量时，将其放在接目镜中的隔板上（此处正好与物镜放大的中间物像重叠）用于测量经显微镜放大后的细胞物像。由于不同目镜、物镜组合的放大倍数不相同，目镜测微尺每格表示的长度也不一样，因此目镜测微尺测量微生物大小时须先用置于镜台上的镜台测微尺校正，以求出在一定放大倍数下，目镜测微尺每小格所代表的相对长度。

镜台测微尺是专门用来校正目镜测微尺的一块特制的载玻片，在其中央部分刻有长度为 1mm 的标尺，等分为 100 格，每格宽 $10\mu m$（即 0.01mm）。标尺的外圈有一小黑环，便于找到标尺的位置。校正时，将镜台测微尺放在载物台上，由于镜台测微尺与细胞标本是处于同一位置，都要经过物镜和目镜的两次放大成像进入视野，即镜台测微尺随着显微镜总放大倍数的放大而放大，因此从镜台测微尺上得到的读数就是细胞的真实大小，所以用镜台测微尺的已知长度在一定放大倍数下校正目镜测微尺，即可求出目镜测微尺每格所代表的实际长度，然后移去镜台测微尺，换上待测标本片，用校正好的目镜测微尺在同样放大倍数下测量微生物细胞大小。

9.3　实验器材

9.3.1　菌种

金黄色葡萄球菌涂片、枯草芽孢杆菌涂片、酿酒酵母菌苔。

9.3.2　实验试剂

乳酸-苯酚溶液（配方见附录2）。

9.3.3　实验仪器和材料

普通光学显微镜、目镜测微尺、镜台测微尺、载玻片、盖玻片、酒精灯、移液枪、电子点火器、接种环、擦镜纸和不锈钢锅等。

9.4　实验方法和步骤

二维码9-1　测微尺的使用

9.4.1　放置目镜测微尺

取出目镜，旋开接目透镜，将目镜测微尺放在目镜的光阑上（有刻度的一面朝下），然后旋上接目透镜，将目镜放回显微镜镜筒。

9.4.2　放置镜台测微尺

将镜台测微尺置于载物台上（有刻度的一面朝上）。

9.4.3　校准目镜测微尺的长度

先用低倍镜观察，调节焦距看清镜台测微尺的刻度，移动镜台测微尺和转动目镜测微尺，使两者最左边的一条线重合，顺着刻度找出右边另一条重合线，然后分别数出两重合线之间镜台测微尺和目镜测微尺的格数，即可求出目镜测微尺每小格的实际长度（图9-2）。

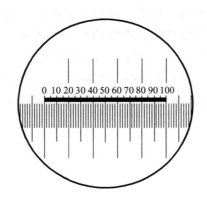

图 9-2　目镜测微尺与镜台测微尺重叠情况

9. 4. 4　计算目镜测微尺每格的长度

$$目镜测微尺每格长度(\mu m) = \frac{两重合线间镜台测微尺格数}{两重合线间目镜测微尺格数} \times 10 (\mu m)$$

例如：高倍镜下目镜测微尺的 30 格等于镜台测微尺 6 格，则目镜测微尺每格的长度为

$$6/30 \times 10 = 2.0 (\mu m)$$

转换到高倍镜，用同样方法测出用高倍镜测量时，目镜测微尺每格所代表的长度。由于不同显微镜及附件的放大倍数不同，因此校正目镜测微尺必须针对特定的显微镜和附件（特定的物镜、目镜、镜筒长度）进行，而且只能在该显微镜上重复使用，当更换不同显微镜目镜或物镜时，必须重新校正目镜测微尺每一格所代表的长度。

9. 4. 5　菌体大小的测定

（1）测量酵母细胞的大小。

酵母玻片标本的制作：用移液枪取一滴乳酸-苯酚溶液，滴加在洁净的载玻片中央，用无菌接种环从斜面试管中挑取酿酒酵母的少量菌苔，涂抹在载玻片上，使菌体与水混合均匀，后将一洁净的盖玻片轻轻盖在液滴上。

酵母细胞大小的测量：将镜台测微尺取下，换上酵母的临时玻片标本，在低倍镜和高倍镜下找到酵母菌，调节焦距得到清晰物像，转动目镜测微尺或移动酵母的玻片标本，分别测量酿酒酵母细胞的长、宽各占目镜测微尺的格数，将测得的格数乘以目镜测微尺每格的长度即可求得该菌的大小。

（2）同样的方法，使用油镜测量枯草芽孢杆菌的长和宽，测量金黄色葡萄球菌的直径。

9.4.6　实验后处理

（1）取出目镜测微尺，将目镜放回镜筒。用擦镜纸擦去目镜测微尺和镜台测微尺上的污渍。

（2）玻片标本和培养物在沸水中煮 20min 消毒，器皿清洗后晾干。

9.5　实验报告

（1）目镜测微尺校正结果见表 9-1。

表 9-1　目镜测微尺校正结果

物镜	目镜测微尺格数	镜台测微尺格数	目镜测微尺校正值/μm
10×			
40×			
100×			

（2）菌体大小测定结果见表 9-2。

表 9-2　菌体大小测定结果

项目	酵母菌				枯草芽孢杆菌				金黄色葡萄球菌	
	目镜测微尺格数（横向）	实际长度/μm	目镜测微尺格数（纵向）	实际宽度/μm	目镜测微尺格数（横向）	实际长度/μm	目镜测微尺格数（纵向）	实际宽度/μm	目镜测微尺格数	实际直径/μm
1										
2										
3										
4										
5										
6										
7										
8										
9										
10										
平均										

9.6　注意事项

（1）在标定目镜测微尺时，要注意对准目镜测微尺和镜台测微尺的重合线，同时应选择上述两尺的两个重合线间较长的距离，这样所测的数值较精确。

（2）为了得到较准确的结果，通常需重复测量 10～20 个酵母细胞（卵圆形、椭圆形或柱状酵母细胞）的大小，并以宽度（μm）×长度（μm）表示（各形态结构霉菌测量数同酵母）。

9.7　思考题

（1）显微镜测微尺由哪几个部件组成？它们各起什么作用？

（2）当更换不同放大倍数的目镜或物镜时，为何需要用镜台测微尺重新对目镜测微尺进行标定？

实验十
水中大肠菌群的检测

10.1 实验目的

（1）了解饮用水和水源水中大肠菌群检测的原理和意义；

（2）学习饮用水和水源水中大肠菌群检测的方法。

10.2 实验原理

大肠菌群又称总大肠菌群（total coliforms），是能在37℃下生长并能在24h内发酵乳糖产酸产气的革兰氏阴性无芽孢杆菌的总称，主要包括肠菌科的埃希菌属（*Escherichia*）、柠檬酸杆菌属（*Citrobacter*）、肠杆菌属（*Enterobacter*）和克雷伯菌属（*Klebsiella*）。其中，一些大肠菌群细菌能在44℃下生长并发酵乳糖产酸产气，由于它们主要来自粪便，因此将它们称为粪大肠菌群（fecal coliforms）。据调查，在人类粪便中，粪大肠菌群占总大肠菌群数的96.4%。大肠菌群已成为国际上通用的粪便污染指标。我国现行生活饮用水卫生标准（GB 5749—2022）规定，每升水中总大肠菌群数不得检出。

10.3 实验器材

10.3.1 培养基

（1）乳糖蛋白胨培养基

蛋白胨10g，牛肉膏3g，乳糖5g，NaCl 5g，1.6%溴甲酚紫乙醇溶液1mL，蒸馏水1000mL，pH为7.2～7.4。

将蛋白胨、牛肉膏、乳糖及NaCl加热溶解于1000mL蒸馏水中，调节pH为7.2～7.4。加入1mL的1.6%溴甲酚紫乙醇溶液，充分混匀，分装于含有倒置的发酵管的试管中，每管10mL。然后于115℃高压蒸汽灭菌20min。

（2）三倍浓缩乳糖蛋白胨培养基

按上述乳糖蛋白胨培养基浓缩 3 倍配制，分装于含有倒置的小发酵管的三角瓶或试管中，其中每试管分装 5mL，而三角瓶（150mL）中分装 50mL，115℃灭菌 20min。

（3）乳糖蛋白胨半固体培养基

蛋白胨 10g，牛肉膏 5g，乳糖 10g，酵母浸膏 5g，琼脂 5g 左右，蒸馏水 1000mL，pH 为 7.2～7.4。

将上述成分加热溶解于 1000mL 蒸馏水中，调整 pH 为 7.2～7.4，过滤后分装于小试管内，置于高压蒸汽灭菌器中，在 115℃灭菌 20min，冷却后置于冰箱内保存。此培养基存放以不超过二周为宜。

（4）伊红美蓝培养基（EMB 培养基）

蛋白胨 10g，K_2HPO_4 2g，乳糖 10g，琼脂 20g，蒸馏水 1000mL，pH 为 7.2～7.4，2%伊红水溶液 20mL，0.5%美蓝水溶液 13mL。

先将琼脂加入 900mL 蒸馏水中，加热溶解，然后按配方加入蛋白胨、K_2HPO_4，溶解后，加蒸馏水补足至 1000mL，调节 pH 至 7.2～7.4。趁热用脱脂棉或多层纱布过滤，再加入乳糖，混匀后定量分装于烧瓶中。115℃高压蒸汽灭菌 20min，取出后，储存于阴凉处备用。

临制平板前，加热熔化上述培养基，按比例分别加入无菌 2%伊红水溶液和 0.5%美蓝水溶液，混匀，每个无菌培养皿中倒入 12～15mL 培养基，制成平板，冷凝后倒置于冰箱中保存备用。

（5）品红亚硫酸钠培养基

① 多管发酵用

蛋白胨 10g，牛肉浸膏 5g，酵母浸膏 5g，乳糖 10g，K_2HPO_4 3.5g，琼脂 20～30g，蒸馏水 1000mL，无水亚硫酸钠 5g 左右，5%碱性品红乙醇溶液 20mL。

a.储备培养基。先将琼脂加至 900mL 蒸馏水中，加热溶解，然后加入 K_2HPO_4、牛肉浸膏、酵母浸膏及蛋白胨，混匀使其溶解，再加蒸馏水补足至 1000mL，调整 pH 为 7.2～7.4。趁热用脱脂棉或多层纱布过滤，再加入乳糖，混匀后定量分装于烧瓶内，置于高压蒸汽灭菌器中，在 115℃灭菌 20min，储存于冷暗处备用。

b.平板培养基。将上述储备培养基加热熔化。在无菌操作条件下，根据瓶内培养基的容量，用灭菌吸管按 1：50 的比例吸取一定量的 5%碱性品红乙醇溶液，置于空的灭菌试管中；再按 1：200 的比例称取所需的无水亚硫酸钠置于另一空的灭菌试管内，加无菌水少许使其溶解，再置于沸水浴中煮沸 10min 灭菌。用灭菌吸管吸取已灭菌的亚硫酸钠溶液，滴加于碱性品红乙醇溶液内至深红色褪成淡红色为止（不宜多加）。将此混合液全部加入已熔化的储备培养基内并充分混匀（防止产生气泡）。立即将此培养基适量（约 15mL）倒入已灭菌的空平皿内，待其冷却凝固后，倒置于冰箱内备用。此种已制成的培养基于冰箱内保存不宜超过两周，如培养基已由淡红色变成深红色，则不能再用。

② 滤膜法用

制备方法同①。

10.3.2　实验试剂

革兰氏染色液、显微镜镜头清洁液（或二甲苯）、香柏油、无菌水。

10.3.3　实验仪器和材料

普通光学显微镜、恒温培养箱、高压蒸汽灭菌器、水浴锅、烧杯、载玻片、盖玻片、烧瓶、无菌空瓶（500mL）、无菌接种环、酒精灯、滤器、接液瓶、垫圈、镊子、滤膜、无菌培养皿、试管等。

10.4　实验方法和步骤

10.4.1　多管发酵法

多管发酵法根据大肠菌群细菌能发酵乳糖产酸产气以及具备革兰氏染色阴性、无芽孢、呈杆状等有关特性，通过三个步骤进行检验，以求得水样中的总大肠菌群数。

多管发酵法是以最大可能数（MPN）来表示实验结果的。实际上它是根据统计学理论，估计水体中的大肠杆菌密度和卫生质量的一种方法。如果从理论上考虑，并且进行大量的重复检定，可以发现这种估计有大于实际数字的倾向。不过只要每一稀释度试管重复数目增加，这种差异便会减小，对于细菌含量的估计值，大部分取决于那些既显示阳性又显示阴性的稀释度。因此在实验设计上，水样检验所要求重复的数目，要根据所要求数据的准确度而定。水中大肠菌群多管发酵法测定的步骤和结果见图 10-1。

（1）生活饮用水

① 初发酵实验。在 2 支装有 50mL 已灭菌的三倍浓缩乳糖蛋白胨培养基的大试管或烧瓶中（内有倒置的发酵管），以无菌操作各加入已充分混匀的水样100mL；在 10 支装有 5mL 已灭菌的三倍浓缩乳糖蛋白胨培养基的试管中（内有倒置的发酵管），以无菌操作各加入充分混匀的水样 10mL。水样与培养基混匀后置于 37℃恒温培养箱中培养 24h。

② 平板分离。经初发酵实验培养 24h 后，发酵试管颜色变黄为产酸，倒置的

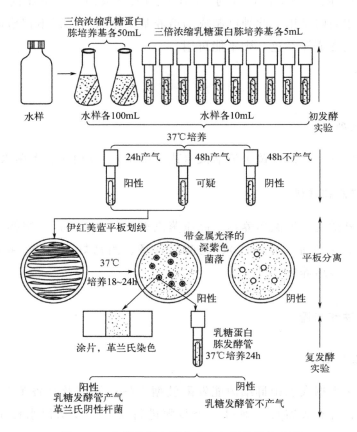

图 10-1 多管发酵法测定水中大肠菌群的步骤

发酵管内有气泡为产气。将产酸产气管及只产酸发酵管的液体分别用无菌接种环划线接种于品红亚硫酸钠培养基或伊红美蓝培养基上，置于 37℃ 恒温培养箱内培养 18～24h，挑选符合下列特征的菌落，取菌落的一小部分进行涂片、革兰氏染色、镜检。

　　品红亚硫酸钠培养基上的菌落：紫红色，具有金属光泽的菌落；深红色，不带或略带金属光泽的菌落；淡红色，中心颜色较深的菌落。

　　伊红美蓝培养基上的菌落：深紫黑色，具有金属光泽的菌落；紫黑色，不带或略带金属光泽的菌落；淡紫红色，中心颜色较深的菌落。

　　③ 复发酵实验。上述涂片镜检的菌落如为革兰氏阴性无芽孢的杆菌，则挑选该菌落的另一部分接种于普通乳糖蛋白胨培养基中（内有倒置的发酵管），每管可接种分离自同一初发酵管（瓶）的最典型菌落 1～3 个，然后置于 37℃ 恒温培养箱中培养 24h，有产酸产气者，则证实有大肠菌群存在。根据证实有大肠菌群存在的阳性管（瓶）数查表 10-1，报告每升水样中的大肠菌群数。

表 10-1 大肠菌群最大可能数（MPN）表

10mL 水样的阳性管数	100mL 水样的阳性管（瓶）数		
	0	1	2
	1L 水样中大肠菌群数	1L 水样中大肠菌群数	1L 水样中大肠菌群数
0	＜3	4	11
1	3	8	18
2	7	13	27
3	11	18	38
4	14	24	52
5	18	30	70
6	22	36	92
7	27	43	120
8	31	51	161
9	36	60	230
10	40	69	＞230

注：接种 2 份 100mL 水样，10 份 10mL 水样，总量 300mL。

（2）水源水

① 将水样作 1∶10 稀释。

② 于各装有 5mL 已灭菌的三倍浓缩乳糖蛋白胨培养基的 5 个试管中（内有倒置的发酵管），各加入 10mL 水样；于各装有 10mL 已灭菌的乳糖蛋白胨培养基的 5 个试管中（内有倒置的发酵管），各加入 1mL 水样；于各装有 10mL 已灭菌的乳糖蛋白胨培养基的 5 个试管中（内有倒置的发酵管），各加入 1mL 1∶10 稀释的水样。共计 15 管，3 个稀释度，将各管充分混匀，置于 37℃恒温培养箱培养 24h。

③ 平板分离和复发酵实验的检验步骤同"生活饮用水"检验方法。

④ 根据证实总大肠菌群存在的阳性管数查表 10-1，即求得每 100mL 水样中存在的总大肠菌群数。

（3）地表水和废水

① 地表水中较清洁水的初发酵实验步骤同"水源水"检验方法。有严重污染的地表水和废水初发酵实验的接种水样应作 1∶10、1∶100、1∶1000 或更高的稀释，检验步骤同"水源水"检验方法。

② 如果接种的水样量不是 10mL、1mL 和 0.1mL，而是较低的或较高的 3 个

浓度的水样量，也可查附录 3 MPN 表得到 MPN 指数，再经下面的公式换算成每 100mL 的 MPN 值。

$$MPN = MPN\ 指数 \times \frac{10(mL)}{接种量最大的一管的水样量(mL)}$$

我国目前以 1L 为报告单位，MPN 值再乘 10，即为 1L 水样中的总大肠菌群数。

10.4.2　滤膜法

滤膜是一种微孔性薄膜。将水样注入已灭菌的放有滤膜（孔径为 $0.45\mu m$）的滤器中，经过抽滤，细菌即被截留在膜上，然后将滤膜贴于品红亚硫酸钠培养基上，进行培养。因大肠菌群细菌可发酵乳糖，在滤膜上出现紫红色具有金属光泽的菌落，因此可计数滤膜上生长的此特性的菌落，计算出每升水样中含有总大肠菌群数。如有必要，对可疑菌落应进行涂片染色、镜检，并再接种乳糖发酵管作进一步鉴定。

滤膜法具有高度的再现性，可用于检验体积较大的水样，可比多管发酵法更快地获得肯定的结果。不过在检验浑浊度高、非大肠杆菌类细菌密度大的水样时，有其局限性。

多管发酵法和滤膜法的结果作统计学比较，可显示出后者较为精密。虽然这两种方法得到的数据都提供了基本相同的水质报告，但检验结果的数值不同。在做水源水的检验时，可以预期约有 80% 的滤膜实验的数据落在多管发酵实验数据 95% 的置信区间内。

（1）过滤水样

① 滤膜及滤器的灭菌。将滤膜放入烧杯中，加入蒸馏水，置于沸水浴中煮沸灭菌三次，每次 15min。前两次煮沸后需更换水洗涤 2～3 次，以除去残留溶剂，也可用高压蒸汽灭菌器 121℃灭菌 10min。压力表降为 0 后迅速将蒸汽放出，这样可以尽量减少滤膜上凝结的水分。滤器、接液瓶和垫圈分别用纸包好，在使用前先经 121℃高压蒸汽灭菌 30min。滤器也可用点燃的酒精棉球火焰灭菌。

② 过滤装置的安装。以无菌操作把过滤装置装好。

③ 水样量的选择。待过滤水样量是根据所预测的细菌密度而定的（对总大肠菌群做滤膜实验应过滤水样的参考体积见表 10-2）。

一个理想的水样体积，可以产生大约 50 个大肠菌群细菌菌落，而全部类别的菌落数则不超过 200 个。当过滤水样（稀释的或未稀释的）体积小于 20mL 时，应在过滤之前加少量的无菌稀释水到过滤漏斗中，水量的增加有助于悬浮的细菌均匀分布在整个过滤器表面。

表 10-2　对总大肠菌群做滤膜实验时应过滤水样的参考体积

水样种类或来源	过滤的体积/mL							
	100	50	10	1	0.1	0.01	0.001	0.0001
饮用水	√							
游泳池	√							
井水、泉水	√	√	√					
湖泊、水库	√	√	√					
供水的进水			√	√	√			
河滩浴场			√	√	√			
河水				√	√	√	√	
加氯的污水				√	√			
原污水					√	√	√	√

④ 过滤。用无菌镊子夹取灭菌滤膜边缘，将粗糙面向上，贴放在已灭菌的滤床上，稳妥地固定好滤器。将适量的水样注入滤器中，加盖，开动真空泵即可抽滤除菌。

（2）培养

水样抽滤完后，再抽约 5s，关闭滤器阀门取下滤器，用灭菌镊子夹取滤膜边缘部分，移放在品红亚硫酸钠培养基上。滤膜截留细菌面朝上。滤膜应与培养基完全贴紧，两者间不得留有气泡。然后将平皿倒置，置于 37℃ 恒温培养箱内培养 24h。培养期间，保持充足的湿度（大约 90% 相对湿度）。

挑选符合下列特征的菌落进行革兰氏染色、镜检，分别是紫红色，具有金属光泽的菌落；深红色，不带或略带金属光泽的菌落；淡红色，中心色较深的菌落。

凡是革兰氏阴性无芽孢杆菌，须再接种于乳糖蛋白胨培养基或乳糖蛋白胨半固体培养基（接种前应将此培养基放入水浴锅中煮沸排气，冷却凝固后方能使用），经 37℃ 培养，前者于 24h 培养后产酸产气或后者经 6~8h 培养后产气，则判定为总大肠菌群阳性。

计数滤膜上生长的大肠菌群菌落，根据过滤的水样量计算水样中总大肠菌群数。

$$总大肠菌群数（个/L）=\frac{滤膜上生长的大肠菌群菌落数（个）\times 1000}{过滤水样量（mL）}$$

10.5　实验报告

（1）多管发酵检测结果。

（2）滤膜法检测结果。

10.6　注意事项

（1）如果检测被严重污染的水样或检测污水，稀释倍数可选大些。

（2）对于被严重污染的水样或污水，可根据初步发酵实验中的阳性管数，计算大肠菌群数。

（3）每片滤膜上菌落数以 20～60 个较为适宜。

10.7　思考题

（1）测定水中大肠菌群数有什么实际意义？为什么选用大肠菌群作为水的卫生指标？

（2）比较多管发酵法与滤膜法测定水中大肠菌群的优缺点。

实验十一
富营养化湖泊中藻类的检测（叶绿素 a 法）

11.1　实验目的

（1）掌握叶绿素 a 的测定方法；

（2）通过测定不同水体中藻类的叶绿素 a 的质量浓度，了解其营养化程度。

11.2　实验原理

生物监测是水质监测及评价的重要手段之一。藻类是指悬浮生活在水中的植物，种类繁多，一般个体大小在 $2\sim200\mu m$，极少数小于 $2\mu m$，均含有叶绿素，在显微镜下观察是带绿色的有规则的小个体或群体。藻类作为初级生产者，在水体生态系统中占有重要位置，水中藻类的含量能间接反应水体污染程度和水体处理的效果，藻类常被用作水环境监测的指示生物。随着水质标准的逐步提高，水中藻类的检测研究日益受到重视。

"叶绿素 a 法"是生物检测浮游藻类的一种方法，是对浮游植物的一种定量测量方法。根据叶绿素的光学特性，叶绿素可分为 a、b、c、d 四类，其中叶绿素 a 存在于所有的藻类浮游植物中，其他三类叶绿素光合作用所吸收的能量，最终都会传递给叶绿素 a。叶绿素 a 是最重要的一类叶绿素，浮游藻类中叶绿素 a 的含量大约占有机质干重的 $1\%\sim2\%$，是估算藻类生物量的一个良好指标。

11.3　实验器材

11.3.1　水样

两种不同污染程度的湖水各 2L。

11.3.2　实验试剂

90% 丙酮溶液、$MgCO_3$ 悬浊液（1g $MgCO_3$ 细粉悬浮于 100mL 蒸馏水中）。

11.3.3 实验仪器和材料

分光光度计（波长选择大于 750nm，精度为 0.5～2nm）、台式离心机（3500r/min 以上）、真空泵、冰箱、采样瓶、离心管、比色皿、匀浆器或者研钵、减压过滤装置、滤膜（0.45μm）。

11.4 实验方法和步骤

二维码11-1　富营养化湖泊中藻类的检测（叶绿素a法）

11.4.1 过滤水样

取两种湖水各 50～500mL，减压过滤，负压不能超过 50kPa。待水样剩余 10mL 左右时，加入 0.2mL $MgCO_3$ 悬浊液，摇匀直至抽干水样。加入 $MgCO_3$ 悬浊液是为了防止色素分解，同时还可促进藻细胞截留于滤膜上。过滤后的滤膜如果不能马上进行提取处理，应将其置于干燥器内，放 4℃ 冷冻保存，但放置时间不能超过 48h。

11.4.2 提取

将滤膜放于匀浆器或者研钵内，加 2～3mL 90% 的丙酮溶液，匀浆破碎藻细胞。然后用移液管将匀浆液移入离心管中，用 5mL 90% 的丙酮溶液冲洗两次，最后补加 90% 的丙酮溶液于离心管中，使得管内液体总体积为 10mL。拧紧管盖，注意避光，充分振荡后放入冰箱内避光提取 18～24h。

11.4.3 离心

提取完毕后，将离心管置于台式离心机上 3500r/min 离心 10min。取出离心管后，用移液管将上清液移入洁净的离心管中，拧紧管盖，3500r/min 再次离心 10min。准确记录提取液的体积。

11.4.4 测定光密度

藻类叶绿素 a 具有独特的吸收光谱，可用分光光度计测定其在特定波长下的吸光度，根据朗伯-比尔定律，计算其质量浓度。用移液管将提取液移入比色皿中，以体积分数为 90% 的丙酮溶液作为空白对照，测定提取液在 750nm、664nm、647nm 和 630nm 波长下的吸光度（OD）。注意样品提取液在 664nm 的 OD 值要求在 1.0～2.0，如不在此范围内，应调换比色皿，或者改变过滤水样的量。OD_{664} 小于 1.0 时，应改用光程较长的比色皿或者增加水样量，OD_{664} 大于 2.0 时，可以减少水样量或者稀释提取液，改用光程较短的比色皿。

11.4.5　叶绿素a浓度计算

将样品提取液在 664nm、647nm 和 630nm 波长下的吸光度（OD_{664}、OD_{647} 和 OD_{630}）分别减去其在 750nm 下的吸光度（OD_{750}，此值为非选择性本底物光吸收校正值）。叶绿素a浓度计算公式如下。

样品提取液中叶绿素a的质量浓度（mg/L）为

$$P_Q = 11.85 \times (OD_{664} - OD_{750}) - 1.54 \times (OD_{647} - OD_{750}) - 0.08 \times (OD_{630} - OD_{750})$$

水样中叶绿素a浓度（μg/L）为

$$P_{水样} = \frac{P_Q V_{丙酮}}{V_{水样}}$$

式中，P_Q 为样品提取液中叶绿素a的质量浓度，mg/L；$V_{丙酮}$ 为体积分数为 90% 的丙酮提取液体积，mL；$V_{水样}$ 为过滤水样的体积，L。

11.5　实验报告

将藻类叶绿素测定结果记录于表 11-1 中。

表 11-1　藻类叶绿素测定结果

水样	OD_{750}	OD_{664}	OD_{647}	OD_{630}	叶绿素a的质量浓度/(μg/L)
A 水样					
B 水样					

根据测定结果，参照表 11-2 中指标，评价被测水样的富营养化程度。

表 11-2　叶绿素a浓度与水质的关系

指标	类型		
	贫营养型	中营养型	富营养型
叶绿素a的质量浓度/(μg/L)	<4	4~10	10~100

11.6　注意事项

整个实验中所使用的玻璃仪器应全部用洗涤剂清洗干净，避免酸性条件引起叶绿素a分解。

11.7　思考题

（1）如何保证水样中叶绿素 a 质量浓度测定结果的准确性？

（2）MgCO₃ 悬浊液是否可以采用其他试剂代替？为什么？

实验十二
水体沉积物中 H_2S 产生菌的测定

12.1　实验目的

（1）了解 H_2S 产生菌的种群组成；

（2）掌握水体沉积物中 H_2S 产生菌的测定方法。

12.2　实验原理

自然环境中，能够产生 H_2S 的菌类微生物主要是化能异养菌，其产生 H_2S 的过程分为两种类型。一是分解含硫有机物产生 H_2S。所有能够分解利用有机物的细菌、放线菌和真菌，都能够通过分解含硫有机物产生 H_2S，它们可以是好氧的，也可以是厌氧。二是通过还原含氧硫酸根，如 SO_4^{2-}、SO_3^{2-}、$S_2O_3^{2-}$ 等产生 H_2S。具有此作用的微生物为能够进行无氧呼吸的微生物，它们可以是厌氧菌，也可以是兼性厌氧菌，能够利用含氧硫酸根中的氧作为电子的受体。

硫化铅的溶解度非常低，且当铅离子浓度较低时，对微生物的生长无明显抑制作用。因此，在固体或者半固体培养基中加入乙酸铅，接种沉积物后，异养微生物生长繁殖产生的 H_2S 就会同其周围的铅离子发生化学反应，生成黑色的硫化铅。菌体繁殖形成菌落，在菌落周围就会形成黑色斑块。据此，就可以判断沉积物中是否存在 H_2S 产生菌。

12.3　实验器材

12.3.1　样品

取自河、湖或池塘的沉积物样品。

12.3.2　培养基

蛋白胨 20g，琼脂 10g，Na_2SO_3 0.5g，NaCl 5g，蒸馏水 1000mL，乙酸铅

0.5g，溶解后调节 pH 为 7.2。

分装于 250mL 三角瓶中，每瓶 150mL，高压蒸汽灭菌 15min 备用。

12.3.3 实验仪器和材料

高压蒸汽灭菌器、分析天平、采泥器、烘箱、细菌培养箱、试管架、量桶、烧杯、广口瓶、移液管、试管、三角瓶。

12.4 实验方法和步骤

（1）用蚌式采泥器采集池塘或者河道沉积物，迅速转移至无菌加盖广口瓶中，带回实验室备用。

（2）用分析天平准确称取 10g 沉积物，置于盛有 90mL 无菌水的三角瓶中，振摇 3～5min，得到 10^{-1} 稀释液。用无菌吸头吸取稀释液 1mL，按照 10 倍稀释法稀释成 10^{-2}、10^{-3}、10^{-4} 等连续的稀释度。同时称取 10g 沉积物在 105～110℃ 下烘干，再称重，计算湿泥含水率（％）。

二维码12-1　水体沉积物中的 H_2S 产生菌的采样

（3）取 10^{-2}、10^{-3}、10^{-4} 三个稀释度的稀释液各 1mL，分别置于三个无菌试管中，再将熔化后冷却至 40～50℃ 的培养基 8～10mL 倒入试管中，混合均匀。每个稀释度做三个平行。

（4）凝固后将试管放入（37±1）℃ 的培养箱中培养 24h，然后取出观察。试管培养基中有黑色团块者为阳性。

（5）将观察结果填入表 12-1 中。

二维码12-2　水体沉积物中的 H_2S 产生菌的测定

表 12-1　不同稀释度稀释液观察结果

样品编号	稀释度		
	10^{-2}	10^{-3}	10^{-4}
1	阳性（　）阴性（　）	阳性（　）阴性（　）	阳性（　）阴性（　）
2	阳性（　）阴性（　）	阳性（　）阴性（　）	阳性（　）阴性（　）
3	阳性（　）阴性（　）	阳性（　）阴性（　）	阳性（　）阴性（　）

根据每个稀释度的阳性管数，查表 12-2，得到最大可能数。

表 12-2　MPN 法统计表（三次重复用）

阳性指标	细菌最大可能数	阳性指标	细菌最大可能数	阳性指标	细菌最大可能数
000	0.0	201	1.4	302	6.5
001	0.3	202	2.0	310	4.5
010	0.3	210	1.5	311	7.5
011	0.6	211	2.0	312	11.5
020	0.6	212	3.0	313	16.5
100	0.4	220	2.0	320	9.5
101	0.7	221	3.0	321	15.5
102	1.1	222	3.5	322	20.0
110	0.7	223	4.0	323	30.0
111	1.1	230	3.0	330	25.0
120	1.1	231	3.5	331	45.0
121	1.5	232	4.0	332	110.0
130	1.6	300	2.5	333	140.0
200	0.9	301	4.0		

（6）计算。查表 12-1 所得值为取 10^{-2} 稀释液 $3 \times 10mL$，10^{-3} 稀释液 $3 \times 1mL$、10^{-4} 稀释液 $3 \times 0.1mL$ 时，100mL 稀释液中的最大可能数也就是 1g 沉积物中的最大可能数。本实验取的最低稀释倍数为 10^{-2}，所以 1g 沉积物中的菌数可以用下式计算

$$菌数（个）＝（MPN \times 10）/0.1$$

1g 干泥中的 H_2S 产生菌数 N 应为

$$N（个）＝（MPN \times 10）/[0.1 \times （1－湿泥含水率）]$$

12.5　实验报告

（1）记录实验管培养结果。
（2）求 1g 沉积物和 1g 干泥中的 H_2S 产生菌数。

12.6　注意事项

由于硫化铅毒性较大，实验完毕后，培养基须作为危险废物处理。

12.7　思考题

（1）根据测试原理，其他金属离子，如 Fe、Cu，是否能代替铅离子，用于检测鉴定 H_2S 产生菌？

（2）pH 为 7.0 的时候，铅会生成 $Pb(OH)_2$，是否会影响实验结果？为什么？

实验十三
空气中细菌数量的检测

13.1 实验目的

（1）掌握检测空气中细菌数量时的采样原则和方法；

（2）掌握空气中细菌数量的检测方法；

（3）了解不同环境空气中微生物的分布情况。

13.2 实验原理

空气中缺乏能够为微生物直接利用的营养物质和足够水分，并不适宜微生物的生存，因此空气中没有固定的微生物种类。空气中的微生物主要来自土壤尘埃、小水滴、人和动物体表的干燥脱落物等。因此，空气中的微生物一般很少以游离形式存在于空气中，而主要是存在于飞沫气溶胶、污水气溶胶中和附着在尘埃上。由于微生物能产生各种休眠体，故可在空气中存活相当长的时间而不致死亡。空气中微生物的种类，主要为真菌和细菌，其数量取决于所处的环境和飞扬的尘埃量。

室外空气中的微生物以微小气溶胶粒子的形式，稀疏地分散在空气中。因此，要了解空气环境中是否存在微生物，存在哪些微生物，以及它们的数量和在不同空间和时间的变化规律，就必须将这些稀疏分散的微生物气溶胶粒子，采集到一定的表面积或体积的介质中，以便观察和分析。

空气采样器的种类很多，归纳起来可分为五类，即惯性冲撞类、过滤阻留类、静电沉着类、温差迫降类和生物采样类。最常用的空气采样方法有自然沉降法和撞击法。自然沉降法是 1881 年由德国细菌学家 Koch 建立的，所需设备简单，方便易行。该法只需要将含有营养琼脂的平皿打开盖子，置于需要采样的地点，放置一段时间。在重力作用下，该处空气中的微生物粒子逐步沉降到营养琼脂面上，然后盖上皿盖，置于所需培养温度下培养一段时间后，计数其上长出的菌落，或将平皿中采集的样品用其他介质洗脱，做微生物学检测。自然沉降法容易受气流状态和微生物粒子大小不同的影响，从而使分析结果不准确。撞击法是指空气中微生物气溶胶颗粒获得足够的惯性后，脱离气流撞击于固体平板上的一种采样方法。固体撞击式采样器较常见的是安德森（Andersen）采样器，又称筛孔采样器。Andersen 采样器是一种 6 级筛板式空气微生物采样器，通过模拟人体呼吸道的结构及利用空气动力学特征进行采样。Andersen 采样器由 6 个带有 400 个微细圆形孔的金属撞击圆盘组成，每个圆盘的圆孔孔径由上到下递减，而气流速度则由上到下递增，盘下放置装有培养基的平板，使空气微生物气溶胶颗粒按其大小逐级撞击在培养基平板上，然后供培养及微生物学分析。Andersen 采样器操作简单，采样效率高，适宜范围广泛。

13.3 实验器材

13.3.1 培养基（具体配方见附录 1）

（1）牛肉膏蛋白胨培养基（培养细菌）。
（2）高氏一号培养基（培养放线菌）。
（3）察氏培养基（培养霉菌）。

13.3.2 实验材料

无菌水、无菌吸管、灭菌培养皿、土壤样品、采样器、天平、称量纸、恒温培养箱、气体流量计。

13.4 实验方法和步骤

13.4.1 自然沉降法

（1）将牛肉膏蛋白胨培养基、高氏一号培养基、察氏培养基熔化后，按照无菌操作，各倒四个平板。

（2）将上述 3 种培养基各取两个，在室外打开皿盖，分别暴露于空气中 5min、10min；另两个培养皿在实验室空气中分别暴露 5min、10min。

（3）室内空气采样设置采样点时，应根据现场的大小，选择有代表性的位置作为空气细菌检测的采样点。通常设置 5 个采样点，即室内墙角对角线交点为 1 个采样点，该交点与四墙角连线的中点为另外 4 个采样点。采样高度为 1.2～1.5m。采样点应远离墙壁 1m 以上，并避开空调、门窗等空气流通处。

（4）牛肉膏蛋白胨平板于 37℃，倒置培养 1 天；察氏平板和高氏一号平板倒置于 28℃培养，分别培养 3～4 天和 7～10 天；观察各个平板的菌落形态和颜色，计算各平板的菌落数。

奥梅梁斯基（V. L. Omeliansky）1941 年提出了自然沉降法测定空气中微生物数量的换算方法，即面积为 $100cm^2$ 的平板培养基平面，暴露在空气中 5min，能落上约 10L 空气中所含菌数的细菌。计算每立方米空气中微生物的数量，计算公式如下：

$$X = N \times \frac{100}{A} \times \frac{5}{T} \times \frac{1000}{10} = \frac{50000N}{AT}$$

式中，X 为换算成每立方米空气中的活菌数；N 为培养后平板上的菌落数，CFU；A 为所用平板的面积，cm^2；T 为平板暴露的时间，min。

13.4.2　筛孔采样法

将四个细菌培养基平板和采样器带到受试环境，打开采样器开关，调节好采样器空气流量和采样时间。

二维码13-1 空气中浮游菌的采集

将培养基平板放入采样器中，开启采样仪。采样结束后，立即取出平皿，并迅速盖好皿盖。

将平板放入恒温培养箱内 37℃ 培养一天，观察计数平皿中的菌落数。

根据下式计算 $1m^3$ 空气中细菌数：

$$X = \frac{N \times 1000}{L}$$

式中，X 为 $1m^3$ 空气中的细菌数；N 为平皿上的平均菌落数，CFU；L 为采样空气体积，L。

13.5　实验报告

根据自然沉降法，记录空气中微生物的种类和数量，填写表 13-1，推算出 $1m^3$ 空气中细菌数，并同筛孔采样法得到的数据相对比。

表 13-1　空气中微生物的种类和数量

环境	采样时间/min	微生物种类及数量		
		细菌	放线菌	霉菌
室内	5			
	10			
室外	5			
	10			

13.6 注意事项

（1）根据空气污染程度确定暴露时间，如果空气污浊，暴露时间宜适当缩短。

（2）在野外暴露取样时，应选择背风的地方，否则影响取样效果。

13.7 思考题

（1）空气中微生物的分布和数量与什么因素有关？

（2）比较空气中两种微生物检测方法的优缺点。

（3）自然沉降法和筛孔采样法的数值一般不一样，有时差值甚至达到两个数量级，可能的原因是什么？

实验十四
土壤中微生物数量检测

14.1　实验目的

（1）了解土壤中微生物的数量和组成；

（2）掌握土壤微生物的检测方法。

14.2　实验原理

　　土壤是最适宜微生物生活的环境，具有绝大多数微生物生活所需要的各种条件。土壤中含有丰富的动植物、微生物残体和矿物元素，可为微生物生长繁殖提供所需要的一切营养物质。土壤中的水分，可满足微生物对水分的需求。土壤的 pH 值通常在 $5.5\sim8.5$ 之间，适宜大多数微生物生长。土壤的温度范围是中温性和低温性微生物生长的适宜范围，而且土壤温度变化幅度小而缓慢，夏季比空气温度低，而秋冬季又比空气温度高，这一特性对微生物生长极其有利。因此，土壤中微生物的数量和种类都很多。

　　微生物参与土壤的氮、碳、硫和磷等元素的循环。土壤中微生物的活动对土壤形成、土壤肥力和作物生产都有非常重要的作用。监测土壤中微生物的数量和组成情况，不仅能了解土壤的养分情况，预测土壤的环境质量变化，还可以知道土壤中微生物的种类及其功能，对发掘土壤微生物资源和定向控制土壤微生物种群是十分必要的。

14.3　实验器材

14.3.1　培养基

（1）牛肉膏蛋白胨培养基（培养细菌）。

（2）高氏一号培养基（培养放线菌）。

（3）察氏培养基（培养霉菌）。

14.3.2 实验仪器和材料

恒温培养箱、无菌水、无菌吸管、灭菌培养皿、酒精灯、锥形瓶、试管、土壤样品、天平、称量纸等。

14.3.3 实验试剂

5%的酚溶液、80%的乳酸。

14.4 实验方法和步骤

14.4.1 土壤样品的连续稀释

称取新鲜土壤样品1.0g，在酒精灯火焰旁转移到一个装有99mL无菌水的锥形瓶中（瓶内装有几个玻璃珠）。将锥形瓶依左右方向振荡数十次使土与水充分混合，从而使得土壤中的微生物分散，得到稀释度为10^{-2}的菌液。在火焰处用无菌吸头吸取土壤悬液

二维码14-1 土壤中微生物数量检测——样品稀释

1mL，加入一个盛有9mL无菌水的试管内，即10^{-3}菌悬液。轻轻摇动试管，使菌液分散均匀。再用无菌吸头，插入试管内，反复吹洗三次，然后取出1mL菌液，加入另一支含9mL无菌水的试管中，制成稀释度为10^{-4}的菌液。同法按照每级稀释10倍的次序一直稀释到合适的稀释倍数（接种1mL菌液的培养皿平板上出现30~300个菌落）。用移液器要反复吸取三次，用毕弃去吸头。（图14-1）

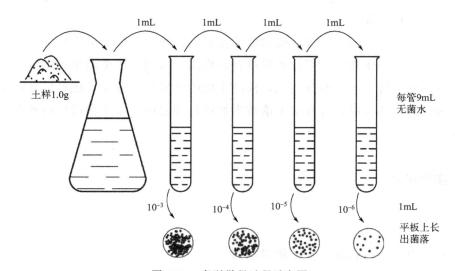

土样1.0g   1mL   1mL   1mL   1mL   每管9mL无菌水

10^{-3} 10^{-4} 10^{-5} 10^{-6} 1mL   平板上长出菌落

图14-1 序列稀释过程示意图

80

14.4.2　选择合适稀释度

根据样品中各种微生物的数量选择合适的稀释度，每种选择 3 个稀释度，每个稀释度设两个重复。选择出合适的稀释度后，用移液管将 1mL 菌悬液转移到培养皿中。

14.4.3　倒平板

二维码14-2　土壤中微生物数量检测——微生物培养

将已灭菌的培养基熔化后冷却至 45℃ 左右。温度过高，会导致培养皿盖上凝结水太多，菌易被冲掉；温度过低，则培养基凝固，不利于倒平板。在酒精灯火焰旁，右手拿培养基，左手把皿盖打开一条小缝，倾入培养基 15～20mL，迅速盖上皿盖，平放在桌面上，轻轻旋转，使培养基和菌悬液混合均匀。凝固后，将培养皿倒置于恒温培养箱中培养。

14.4.4　细菌分离与观察

分离放线菌时，在制备平板前在培养基中加入两滴 5% 的酚溶液，以抑制细菌生长，于 25～30℃ 恒温培养箱中培养 7～10 天后观察。

分离霉菌时，在制备平板前在培养基中加入数滴 80% 的乳酸，于 25～30℃ 恒温培养箱中培养 3～4 天后观察。

细菌在 37℃ 培养 24 小时后观察。

观察细菌菌落形态的多样性。菌落总体形状和边缘状况可从菌落上方俯视观察，菌落高度则从平板边缘水平观察。（图 14-2）

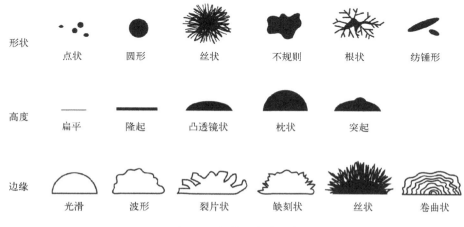

图 14-2　细菌的菌落形态

14.5 实验报告

取同一稀释度的平板培养物，依菌落计数原则进行计数。

（1）菌落计数原则

平皿菌落的计数，可用肉眼观察，必要时用放大镜检查，防止遗漏，也可借助于菌落计数器计数。对于外观相似，并且长得非常接近，但并不相接触的菌落，只要菌落之间的距离大于最小菌落的直径，就应该予以计数。对于链状菌落，看起来似乎是由于一团细菌在琼脂培养基和水样的混合中被崩解所致，应当把这样的一条链当作一个菌落来计数，不应将链上各个单一的菌落计数。同一稀释度中一个平皿有较大片状菌落生长时，不宜用于菌落计数，应选择无片状菌落生长的平皿计数该稀释度的平均菌落数。如果片状菌落略少于平皿的一半，而其余区域菌落分布均匀，可将菌落分布均匀区域的菌落计数，然后乘以 2 倍作为全皿的菌落数目。对各平皿菌落计数后，应计算出同一稀释度的平均菌落数，用于后续计算。

（2）计算方法

首先选择平均菌落数在 30～300 者进行计算，当只有一个稀释度的平均菌落数符合此范围时，即可用它作为平均值乘以其稀释倍数。

如果两个稀释度的平均菌落数都在 30～300 之间，应按照两者的比值来决定。若两者比值小于 2，则取两者的平均数；若两者比值大于 2，则取其中较小的数字。

如果所有稀释度的平均菌落数均大于 300，选择稀释度最高的平均菌落数乘以其稀释倍数，作为样品的菌落数。

如果全部稀释度的平均菌落数均小于 30，选择稀释度最低的平均菌落数乘以其稀释倍数，作为样品的菌落数。

如果全部稀释度的平均菌落数均不在 30～300 之间，以最接近 300 或 30 的平均菌落数乘以其稀释倍数，作为样品的菌落数。

若所有的稀释度均无菌生长，视为每克土样菌数小于 10CFU。

（3）菌落计数的报告

土壤样品是按质量取样的，样品中菌落数应以 CFU/g 为单位报告。菌落数在 100 以内按照实际数值作报告；大于 100 时，采用两位有效数字，在两位有效数字后面的数值，应以四舍五入法计算。为了缩短数字后面零的个数，可用 10 的指数来表示（见表 14-1 报告方式栏）。

在报告菌落数为"不可计"时，应注明样品的稀释度。

表 14-1　不同平均菌落数的报告方式

编号	不同稀释度的平均菌落数/CFU			两个稀释度菌落数之比	菌落总数/CFU	报告方式
	10^{-1}	10^{-2}	10^{-3}			
1	1360	164	20	—	16400	16000 或 1.6×10^4
2	2760	295	46	1.6	37750	38000 或 3.8×10^4
3	2890	271	60	2.2	27100	27000 或 2.7×10^4
4	无法计数	4651	513	—	513000	510000 或 5.1×10^5
5	27	11	5	—	270	270 或 2.7×10^2
6	无法计数	305	12	—	30500	31000 或 3.1×10^4

　　根据平皿上菌落数与平皿内土壤悬液的稀释倍数计算得每克土壤中微生物的数量。

　　选择刚好能把细菌分开，而稀释倍数最低的平板（一般含菌落 30～300 个），计算每克土壤中微生物的数量

$$微生物\ N(CFU/g)=\frac{平均菌落数(CFU)\times稀释倍数}{1-土壤含水率}$$

填写表 14-2。

表 14-2　菌落特征及培养条件

菌落名称	生长形态	菌落光泽	表面光泽	与培养基结合度	培养温度/℃	培养时间/h
细菌						
放线菌						
霉菌						

14.6　注意事项

　　在做序列稀释时，每取一个稀释度，无菌吸管或移液器上无菌枪头应更换一次。

14.7　思考题

　　（1）用序列稀释法进行微生物计数时，如何保证准确并防止污染？
　　（2）为什么霉菌计数时要加入几滴 80% 的乳酸？
　　（3）为什么放线菌计数时要加入 5% 的酚溶液？

实验十五
微生物生化性能检测

15.1　实验目的

（1）了解过氧化氢酶实验的原理和用途；

（2）了解淀粉水解实验的反应原理；

（3）了解硝酸盐还原实验的反应原理和用途。

15.2　实验原理

与其他生物一样，微生物在生长过程中，需要不断从外界环境吸收必要的物质和分泌代谢产物。不同种类的微生物具有各自独特的酶系统，因而对底物的分解能力不同，其代谢的产物也各异。这些代谢产物又具有不同的生物化学特性，可利用生物化学的方法测定这些代谢产物，对微生物进行鉴定。

所有需氧细菌、许多兼性厌氧菌和真菌，都能够产生过氧化氢酶，过氧化氢酶能催化过氧化氢快速分解为水和氧气，乳酸菌和许多厌氧菌不能产生过氧化氢酶，因此这项测定可以用于乳酸菌及许多厌氧菌同其他细菌的鉴别。

淀粉和硝酸盐是市政污水中最常见的物质。具有淀粉酶的微生物，可以将淀粉分解为糊精等小分子物质。碘分子能够插入到淀粉的链状分子中，生成一种蓝紫色的络合物，而糊精遇碘则无此反应。因此根据这一特性，可在培养基中加入碘液，来观察淀粉的水解情况。

某些细菌能把培养基中的硝酸盐还原为亚硝酸盐、氨或氮气等，其还原历程如图 15-1。

从以上反应历程可知，亚硝酸是必经产物，其既可以是最终产物，也可以是中间产物。如果还原过程中生成了亚硝酸盐，加入 Griess 试剂后，可以发生如下显色反应，生成红色的偶氮化合物。

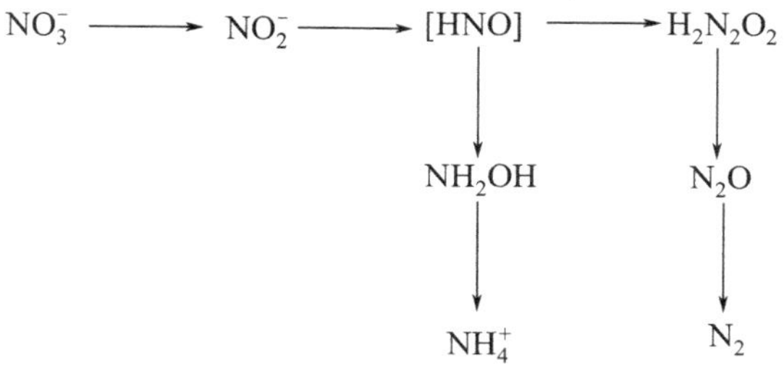

图 15-1　硝酸盐还原历程

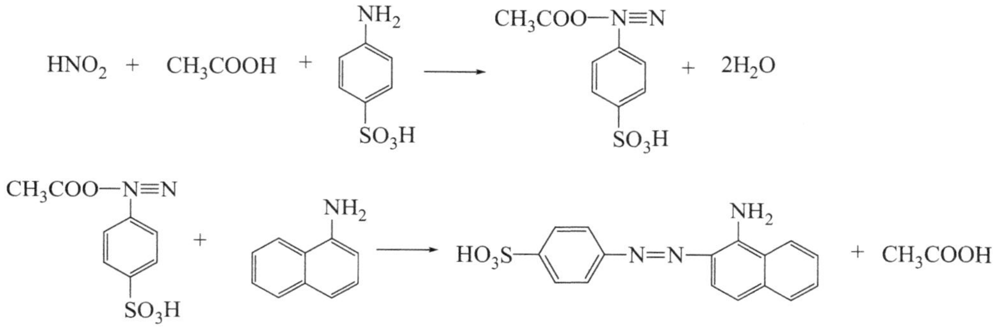

15.3　实验器材

15.3.1　培养基

（1）淀粉培养基

蛋白胨 10g，NaCl 5g，牛肉膏 3g，可溶性淀粉 2g，琼脂 15～20g，蒸馏水 1000mL。溶解后调节 pH 到 7.4～7.6，然后 121℃高压蒸汽灭菌 20min，倒平板备用。

（2）硝酸盐培养基

蛋白胨 10g，NaCl 5g，牛肉膏 3g，KNO_3 1g，蒸馏水 1000mL。溶解后调节 pH 到 7.0～7.6，分装到试管中，每管分装 4～5mL，然后 121℃高压蒸汽灭菌 20min。

15.3.2　实验试剂

（1）3% 过氧化氢溶液。

（2）卢戈氏碘液：I_2 1g，KI 2g，蒸馏水 300mL。

（3）Griess 试剂：

A 液：对氨基苯磺酸 0.5g，10％乙酸 150mL；

B 液：α-萘胺 0.1g，10％乙酸 150mL，蒸馏水 20mL。

（4）二苯胺试剂：二苯胺 0.5g 溶于 100mL 浓硫酸中，用 20mL 蒸馏水稀释。

15.3.3　实验仪器和材料

菌种、菌种平板、载玻片、接种环、小试管（或比色盘）、酒精灯、恒温培养箱。

15.4　实验方法和步骤

15.4.1　过氧化氢酶实验

二维码15-1　过氧化氢酶实验

（1）将待测菌种接种于适宜的斜面上，适宜温度下培养 18～24h。

（2）取少许菌斑，涂于载玻片上，然后加一滴 3％过氧化氢溶液，有气泡产生为过氧化氢酶阳性反应，无气泡产生则为阴性反应。也可以将过氧化氢溶液直接加到斜面或平板的菌落上。

15.4.2　淀粉水解实验

二维码15-2　淀粉水解实验

（1）将倒好的培养基平板放在 37℃恒温培养箱中过夜，检查是否污染并烘干皿盖上的冷凝水。取出新鲜菌种点种，每一个平板可分成若干格，一次接种多个菌种。

（2）培养 2～5d，形成明显菌落后，在平板上滴加碘液，菌落周围或菌落下面琼脂不变色表示淀粉水解酶阳性，如颜色变化则为阴性。

15.4.3　硝酸盐还原实验

二维码15-3　硝酸盐还原实验

将待测定菌种接种于硝酸盐液体培养基中，置于适宜的温度分别培养 1d、3d、5d。每株菌种可接种数管，同时采用未接种的培养基作为对照。

可用干净的小试管或比色盘等容器，其中加入少量培养物，再滴入 1 滴 A 液和 B 液。摇匀后观察颜色变化，如溶液颜色变为粉红色、玫瑰红色和棕色等，则表示有亚硝酸盐的存在，为硝酸盐还原阳性。如无红色出现，可再加入 1～2 滴二苯胺试剂，如呈蓝色反应，表示培养液中有硝酸盐，但无亚硝酸盐存在，为硝酸盐还原阴性，如不呈蓝色反应，表示硝酸盐及形成的亚硝酸盐都已进一步还原为其他物质，应判断为硝酸盐还原阳性。

空白对照应作同样处理。

15.5　实验报告

（1）记录测试菌种是否产生过氧化氢酶。
（2）记录测试菌种是否有水解淀粉能力。
（3）记录测试菌种是否有还原硝酸盐的能力。

15.6　注意事项

（1）淀粉的水溶性不是很好，配制淀粉培养基时，应先将淀粉单独溶解在水中。
（2）卢戈氏碘液应避光保存。

15.7　思考题

（1）淀粉水解实验中，如果培养基中不加入蛋白质、牛肉膏等营养物质，细菌是否会死亡？为什么？
（2）硝酸盐还原实验中，硝酸根是电子受体吗？

实验十六
废水可生化性及毒性测定

16.1　实验目的

（1）掌握活性污泥可生化性和毒性测定方法；
（2）理解内源呼吸及生化呼吸线的基本含义。

16.2　实验原理

活性污泥的耗氧速率（OUR）是评价污泥微生物代谢活性的一个重要指标。在污水厂日常运行中，活性污泥 OUR 的大小及其变化趋势，可用于指示处理系统运行的变化情况。当活性污泥的 OUR 远高于正常值时，提示污泥负荷过高，此时处理效果较差，残留有机物较多，出水水质也较差。若活性污泥的 OUR 值长期低于正常值，表明出水中残留有机物质较少，但若长期运行，可能会导致污泥因缺乏营养而解絮。处理系统遭受有毒有机物冲击导致活性污泥中毒时，污泥的 OUR 会突然下降，可作为预警信号。可以通过测定污泥在不同工业废水中的 OUR 值，来判断该废水的可生化性和毒性程度。

微生物降解有机污染物的物质代谢过程中所消耗的氧包括两部分：氧化分解有机物，使其分解为 H_2O、CO_2、NH_4^+ 等，为合成新细胞提供能量；供微生物进行内源呼吸，使细胞物质氧化分解，称之为内源性好氧。微生物进行物质代谢过程中的耗氧速率可以用下式表示

$$\left(\frac{dO}{dt}\right)T = \left(\frac{dO}{dt}\right)F + \left(\frac{dO}{dt}\right)e$$

式中，3 项 $\frac{dO}{dt}$ 分别为总的耗氧速率，mg/（L·min）；降解有机物、合成新细胞的耗氧速率，mg/（L·min）；微生物内源呼吸耗氧速率，mg/（L·min）。

通过测定微生物以废水中的有机物为呼吸基质，进行呼吸过程的氧气消耗量，就可以知道微生物对废水中有机物的降解情况。同不加呼吸基质时，微生物呼吸过

程氧气消耗量相比较，就可判定该废水的可生化性，从而确定该废水是否可以采用生化方法来进行处理。

16.3　实验器材

16.3.1　实验试剂

（1）0.025mol/L、pH 为 7 的磷酸盐缓冲液：

称取 KH_2PO_4 2.65g、Na_2HPO_4 9.59g 溶解于 1L 蒸馏水中，配制成 0.5mol/L、pH 为 7 的磷酸盐缓冲液，备用。将 0.5mol/L 的缓冲液稀释 20 倍，即得到 0.025mol/L、pH 为 7 的磷酸盐缓冲液。

（2）10% $CuSO_4$。

16.3.2　实验仪器和材料

电极式溶解氧测定仪、磁力搅拌器、恒温水浴锅、离心机、离心管、充气泵、BOD 测定瓶（300mL 左右）、烧杯、滴管、250mL 广口瓶、磁子等。

16.4　实验方法和步骤

（1）对活性污泥进行驯化，方法如下：

二维码16-1　废水可生化性及毒性的测定——活性污泥驯化

取城市污水厂活性污泥，停止曝气 0.5h 后，弃去少量上清液，再用待测工业废水补足，然后继续曝气，每天以此方法换水 3 次，持续 15～60d 左右。对难降解废水或有毒工业废水，驯化时间一般取上限。驯化时应注意活性污泥浓度，若活性污泥浓度出现明显下降，应减少换水量，必要时可适量增补 N、P 营养。

（2）取驯化后的活性污泥放入离心管，置于离心机上，以 3000r/min 转速离心分离 10min，弃去上清液。

（3）将 0.025mol/L、pH 为 7 的磷酸盐缓冲液预先冷却至 0℃。在离心管中加入磷酸盐缓冲液，用滴管反复搅拌分散污泥，然后再次离心，并弃去上清液。

二维码16-2　废水可生化性及毒性的测定——活性污泥收集

（4）重复步骤（3）洗涤污泥两次。

（5）将洗涤后的污泥转移入 BOD 测定瓶中，再用 0.025mol/L、pH 为 7 的溶解氧饱和的磷酸盐缓冲液充满，加入磁子，并将溶解氧测定仪的电极插入瓶中，并拧紧瓶盖。

将 BOD 测定瓶放置在磁力搅拌器上，打开磁力搅拌器，调节搅拌速度。当溶解氧测定仪的读数基本恒定，记录该读数和时间（图 16-1）。通过下式计算耗氧速率 [OUR_e，mg/(L·h)]，此值即该污泥的内源呼吸耗氧速率。

二维码16-3　废水可生化性及毒性的测定——活性污泥测定

$$OUR_e = (a-b) \times 60/t$$

式中，a 为初始溶解氧浓度，mg/L；b 为溶液氧测定仪稳定后读数，mg/L；t 为反应时间，min。

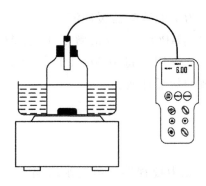

图 16-1　BOD 测定装置示意图

（6）按照步骤（1）～（4），将洗涤后的污泥以充氧至饱和的待测废水为基质，按步骤（5）测定污泥对废水的耗氧速率。将污泥对废水的耗氧速率同污泥的内源呼吸耗氧速率相比较，数值越大，该废水的可生化性越好。

$$相对耗氧速率 = \frac{污泥对废水的耗氧速率}{内源性呼吸耗氧速率}$$

（7）对有毒废水（或有毒物质），可将其稀释成不同浓度，按上述步骤测定污泥在不同废水浓度下的耗氧速率，并分析废水的毒性情况。

16.5　实验报告

评价废水的可生化性和毒性：根据污泥的内源呼吸速率及污泥对工业废水的耗氧速率和对不同浓度有毒废水的耗氧速率，计算相对耗氧速率。然后依据图 16-2 评价该废水的可生化性或毒性，以供制定该废水的处理方法和工艺时参考。

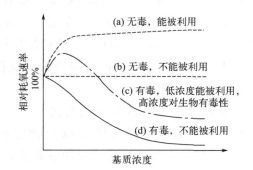

图 16-2　污泥相对耗氧速率与废水毒性、可降解性的关系

16.6　注意事项

在耗氧速率的测定过程中，溶解氧测定仪的电极应插入待测液体中，连接电极的塞子应密封良好，以防空气中氧气的进入，影响测定结果。

16.7　思考题

（1）什么是废水的可生化性？

（2）除了污泥相对耗氧速率法，还有什么方法可以用于评价废水的可生化性和毒性？

实验十七
微生物电解池和燃料电池

17.1 实验目的

（1）了解微生物燃料电池的原理；
（2）掌握微生物燃料电池性能的测定方法和技术。

17.2 实验原理

电活性细菌广泛存在于土壤、水体和沉积物的厌氧环境中，它们区别于其他微生物的标志是具备跨越细胞膜的直接电子传递能力。简单而言，普通微生物的细胞膜主要是由磷脂双分子层组成的，是不具备导电能力的。微生物代谢产生的电子需要通过氢气、甲酸等小分子物质释放到环境中。电活性微生物的细胞膜上载有大量的细胞色素，这些色素蛋白具有导电性，可将细胞内呼吸产生的电子直接传递到细胞外。自然界中这类微生物生活在厌氧环境中，可直接还原高价态金属矿物（如固态氧化铁、氧化锰矿物），可在电子受体不足的环境中生存。

本实验中，插入沉积物中的阳极为电活性微生物提供了电子受体。微生物代谢乙酸，将电子直接转移给阳极，同时产出质子。电子通过外电路的电阻后到达阴极，当阴极表面涂敷产氢催化剂时，质子在阴极表面被还原为氢气。当阴极为氧还原空气阴极时，质子与阴极氧气反应生成水。在这个过程中，微生物完成了胞外电子传递，电子的定向移动形成电流，电流大小可通过欧姆定律计算得出。

17.3 实验器材

17.3.1 实验试剂

酵母浸膏、葡萄糖、2-羟基-1,4-萘醌（HNQ）、$NaHCO_3$、乙酸钠、$NaH_2PO_4 \cdot 2H_2O$、无水乙醇、超纯水、聚四氟乙烯（PTFE）分散液、Nafion 溶液。

17.3.2　菌种

大肠杆菌。

17.3.3　实验仪器和材料

100mL 烧杯 1 个、碳基电极材料 2 块（圆形石墨/碳毡/碳纸，直径小于烧杯直径）、铂炭、碳刷、阳离子交换膜、直径 1mm 钛丝若干、旋钮变阻器 1 个、万用表 1 个、带鳄鱼夹导线若干、100mL 注射器 1 支。

17.4　实验方法和步骤

二维码17-1　微生物燃料电池

（1）阳极的准备

将碳刷依次用无水乙醇、超纯水超声清洗，以去除表面杂质。

（2）复合阴极的制备

将碳纸剪成 3cm×4cm 小块，一侧涂有 PTFE 防水层，另一侧负载催化剂层。防水层为 PTFE 分散液（质量分数为 60%）均匀涂布至碳纸表面，于 300℃下加热 10min 烘干，重复涂 4 层。将商业铂炭（铂质量分数为 40%）、87.5μL Nafion 溶液（质量分数为 5%）以及 0.5mL 无水乙醇混合，采用超声分散得到均匀的浆料，将其均匀涂于碳纸上，铂炭的负载量为 0.5mg/cm²。最后将负载催化剂的一面与阳离子交换膜贴合并热压成复合阴极。

（3）单池微生物燃料电池（MFC）的测试

采用单室空气阴极电池构型，阳极室体积为 50mL，阴阳极之间的距离为 1cm。阳极液含有 NaHCO₃（10.0g/L）和 NaH₂PO₄·2H₂O（11.2g/L）组成的缓冲溶液（pH=7.5）、5g/L 酵母浸膏、10.0g/L 葡萄糖、0.8707g/L 2-羟基-1,4-萘醌（HNQ），在除氧后的阳极液中接入 2mL 大肠杆菌培养液。

使用鳄鱼夹分别将阴阳极钛丝连接到变阻箱两个接线柱上，调节阻值为 1000Ω。使用万用表测量电阻两端电压，记录于实验记录本。将电池置于避光通风处，每两天注射 100mL 含有 1g/L 乙酸钠的营养液，同时补充蒸馏水至原始水位线，并记录电压值。当电压升高至稳定值后，通过调节变阻器测量电池电压，计算得到电池的极化曲线和功率密度曲线。

极化曲线的测试方法：营养液注射半小时后，将阴阳极从电阻端断开，使用万用表每隔 5min 记录电压数值。当电压达到稳定后，记录具体数值，作为电池开路电压。随后将其连回变阻器，每隔 20 分钟降低一次阻值。阻值建议选择以下梯度：1000Ω、800Ω、600Ω、300Ω、200Ω 和 100Ω。每次阻值改变后，稳定 20 分钟读取变阻器两端电压值。根据欧姆定律计算电流值，绘制电流-电压曲线，获得极化曲线。

将 MFC 的阴阳极分别接到电解池的阴阳极，观察不同电压下阴极气泡的产生情况。

17.5 实验报告

根据功率公式 $P=IV$，计算每个电流下的功率值，绘制电流-功率曲线，确定微生物燃料电池产出的最大功率。

17.6 注意事项

（1）实验过程中要保障电极与钛丝的接触良好，防止断路。另外须防止阴阳极导线直接相连造成短路。

（2）碳基电极材料在使用前需使用丙酮浸泡过夜，去除杂质，然后分别使用乙醇和蒸馏水清洗干净。

（3）在整个运行过程中，避免对阳极附近沉积物造成扰动，保障其良好的厌氧环境。

17.7 思考题

如何提高微生物燃料电池的电压？

附录

附录1 常用培养基配方

1. 牛肉膏蛋白胨培养基

牛肉膏	3.0g
蛋白胨	10.0g
NaCl	5.0g
蒸馏水	1000mL
pH	7.4～7.6
琼脂	1.5%～2%（固体培养基）
	0.7%～0.8%（半固体培养基）

121℃高压蒸汽灭菌20min。

如配制液体培养基，无需添加琼脂。

2. 乳糖蛋白胨培养基

蛋白胨	10.0g
牛肉膏	3.0g
乳糖	5.0g
NaCl	5.0g
1.6%溴甲酚紫乙醇溶液	1mL
蒸馏水	1000mL
pH	7.2～7.4

115℃高压蒸汽灭菌20min。

3. 高氏一号培养基

可溶性淀粉	20g

KNO$_3$	1.0g
NaCl	0.5g
K$_2$HPO$_4$・3H$_2$O	0.5g
MgSO$_4$・7H$_2$O	0.5g
FeSO$_4$・7H$_2$O	0.01g
琼脂	20g
蒸馏水	1000mL
pH	7.4～7.6

115℃高压蒸汽灭菌 20min。

4. 麦芽汁培养基

新鲜麦芽汁（10～15 波林❶）	1L
琼脂	15～20g
pH	5.6

115℃高压蒸汽灭菌 20min。

5. 马铃薯葡萄糖培养基

马铃薯浸汁（20%）	1000mL
葡萄糖	20g
琼脂	20g
pH	自然 pH

115℃高压蒸汽灭菌 20min。

6. 察氏培养基

蔗糖	30g
NaNO$_3$	3.0g
KCl	0.5g
K$_2$HPO$_4$	1.0g
MgSO$_4$・7H$_2$O	0.5g
FeSO$_4$・7H$_2$O	0.01g
琼脂	15g
水	1000mL
pH	7.0～7.2

121℃高压蒸汽灭菌 20min。

如配制液体培养基，无需添加琼脂。

---

❶ 波林是一种比重测量的通用单位，用一个玻璃做的小仪器来测量。该仪器下面为充以重物的球形玻璃外壳，将其放在溶液中可垂直悬浮，当麦芽汁浓度高低变化时，波林汁露出液面的高度不同，因而可测麦芽汁的浓度。

附录 2　常用染液的配制

1. 齐氏石炭酸复红染色液

A 液：碱性复红	0.3g
95%乙醇	10mL
B 液：石炭酸	5.0g
蒸馏水	95mL

将 A、B 二液混合均匀后过滤。

2. 草酸铵结晶紫染色液

A 液：结晶紫	2.0g
95%乙醇	20mL
B 液：草酸铵	0.8g
蒸馏水	80mL

将 A、B 二液混合均匀，静置 48 小时后过滤。

3. 吕氏碱性美蓝染色液

A 液：美蓝	0.3g
95%乙醇	30mL
B 液：KOH	0.01g
蒸馏水	100mL

将 A、B 二液混合，摇匀后即可使用。

4. 卢戈氏碘液

I_2	1.0g
KI	2.0g
蒸馏水	300mL

先将 KI 溶于少量蒸馏水中，然后加入 I_2 使之完全溶解，再加蒸馏水至 300mL 即可。配成后贮于棕色瓶内备用，如变为浅黄色即不能使用。

5. 番红染液

番红	2.5g
95%乙醇	100mL
蒸馏水	80mL

将 2.5g 番红溶于 100mL 95%乙醇中，贮存在棕色瓶中；用时取上述配好的番红乙醇溶液 10mL 与 80mL 蒸馏水混匀即可。

6.乳酸-苯酚溶液

苯酚	10g
乳酸（相对密度1.21）	10g
甘油	20g
蒸馏水	10mL

将苯酚溶解在水中，加热溶解后，加入乳酸和甘油。

附录3 多管发酵法大肠杆菌最大可能数（MPN）表

各接种量阳性份数			MPN /100mL	95%置信限		各接种量阳性份数			MPN /100mL	95%置信限	
10mL	1mL	0.1mL		上限	下限	10mL	1mL	0.1mL		上限	下限
0	0	0	<2			0	4	1	9		
0	0	1	2	<0.5	7	0	4	2	11		
0	0	2	4	<0.5	7	0	4	3	13		
0	0	3	5			0	4	4	15		
0	0	4	7			0	4	5	17		
0	0	5	9			0	5	0	9		
0	1	0	2	<0.5	7	0	5	1	11		
0	1	1	4	<0.5	11	0	5	2	13		
0	1	2	6	<0.5	15	0	5	3	15		
0	1	3	7			0	5	4	17		
0	1	4	9			0	5	5	19		
0	1	5	11			1	0	0	2	<0.5	7
0	2	0	4	<0.5	11	1	0	1	4	<0.5	11
0	2	1	6	<0.5	15	1	0	2	6	<0.5	15
0	2	2	7			1	0	3	8	1	19
0	2	3	9			1	0	4	10		
0	2	4	11			1	0	5	12		
0	2	5	13			1	1	0	4	<0.5	11
0	3	0	6	<0.5	15	1	1	1	6	<0.5	15
0	3	1	7			1	1	2	8	1	19
0	3	2	9			1	1	3	10		
0	3	3	11			1	1	4	12		
0	3	4	13			1	1	5	14		
0	3	5	15			1	2	0	6	<0.5	15
0	4	0	8			1	2	1	8	1	19

续表

各接种量阳性份数			MPN /100mL	95%置信限		各接种量阳性份数			MPN /100mL	95%置信限	
10mL	1mL	0.1mL		上限	下限	10mL	1mL	0.1mL		上限	下限
1	2	2	10	2	23	2	2	0	9	2	21
1	2	3	12			2	2	1	12	3	28
1	2	4	15			2	2	2	14	4	34
1	2	5	17			2	2	3	17		
1	3	0	8	1	19	2	2	4	19		
1	3	1	10	2	23	2	2	5	22		
1	3	2	12			2	3	0	12	3	28
1	3	3	15			2	3	1	14	4	34
1	3	4	17			2	3	2	17		
1	3	5	19			2	3	3	20		
1	4	0	11	2	25	2	3	4	22		
1	4	1	13			2	3	5	25		
1	4	2	15			2	4	0	15	4	37
1	4	3	17			2	4	1	17		
1	4	4	19			2	4	2	20		
1	4	5	22			2	4	3	23		
1	5	0	13			2	4	4	25		
1	5	1	15			2	4	5	28		
1	5	2	17			2	5	0	17		
1	5	3	19			2	5	1	20		
1	5	4	22			2	5	2	23		
1	5	5	24			2	5	3	26		
2	0	0	5	<0.5	13	2	5	4	29		
2	0	1	7	1	17	2	5	5	32		
2	0	2	9	2	21	3	0	0	8	1	19
2	0	3	12	3	28	3	0	1	11	2	25
2	0	4	14			3	0	2	13	3	31
2	0	5	16			3	0	3	16		
2	1	0	7	1	17	3	0	4	20		
2	1	1	9	2	21	3	0	5	23		
2	1	2	12	3	28	3	1	0	11	2	25
2	1	3	14			3	1	1	14	4	34
2	1	4	17			3	1	2	17	5	46
2	1	5	19			3	1	3	20	6	60

续表

各接种量阳性份数			MPN	95%置信限		各接种量阳性份数			MPN	95%置信限	
10mL	1mL	0.1mL	/100mL	上限	下限	10mL	1mL	0.1mL	/100mL	上限	下限
3	1	4	23			4	1	2	26	9	78
3	1	5	27			4	1	3	31		
3	2	0	14	4	34	4	1	4	36		
3	2	1	17	5	46	4	1	5	42		
3	2	2	20	6	60	4	2	0	22	7	67
3	2	3	24			4	2	1	26	9	78
3	2	4	27			4	2	2	32	11	91
3	2	5	31			4	2	3	38		
3	3	0	17	5	46	4	2	4	44		
3	3	1	21	7	63	4	2	5	50		
3	3	2	24			4	3	0	27	9	80
3	3	3	28			4	3	1	33	11	93
3	3	4	32			4	3	2	39	13	110
3	3	5	36			4	3	3	45		
3	4	0	21	7	63	4	3	4	52		
3	4	1	24	8	72	4	3	5	59		
3	4	2	28			4	4	0	34	12	93
3	4	3	32			4	4	1	40	14	110
3	4	4	36			4	4	2	47		
3	4	5	40			4	4	3	54		
3	5	0	25	8	75	4	4	4	62		
3	5	1	29			4	4	5	69		
3	5	2	32			4	5	0	41	16	120
3	5	3	37			4	5	1	48		
3	5	4	41			4	5	2	56		
3	5	5	45			4	5	3	64		
4	0	0	13	3	31	4	5	4	72		
4	0	1	17	5	46	4	5	5	81		
4	0	2	21	7	63	5	0	0	23	7	70
4	0	3	25	8	75	5	0	1	31	11	89
4	0	4	30			5	0	2	43	15	110
4	0	5	36			5	0	3	58	19	140
4	1	0	17	5	46	5	0	4	76	24	180
4	1	1	21	7	63	5	0	5	95		

续表

各接种量阳性份数			MPN	95%置信限		各接种量阳性份数			MPN	95%置信限	
10mL	1mL	0.1mL	/100mL	上限	下限	10mL	1mL	0.1mL	/100mL	上限	下限
5	1	0	33	11	93	5	3	3	180	44	500
5	1	1	46	16	120	5	3	4	210	53	670
5	1	2	63	21	150	5	3	5	250	77	790
5	1	3	84	26	200	5	4	0	130	35	300
5	1	4	110			5	4	1	170	43	490
5	1	5	130			5	4	2	220	57	700
5	2	0	49	17	130	5	4	3	280	90	850
5	2	1	70	23	170	5	4	4	350	120	1000
5	2	2	94	28	220	5	4	5	430	150	1200
5	2	3	120	33	280	5	5	0	240	68	750
5	2	4	150	38	370	5	5	1	350	120	1000
5	2	5	180	44	520	5	5	2	540	180	1400
5	3	0	79	25	190	5	5	3	920	300	3200
5	3	1	110	31	250	5	5	4	1600	640	5800
5	3	2	140	37	340	5	5	5	≥2400	800	

注：1.接种 5 份 10mL 样品、5 份 1mL 样品、5 份 0.1mL 样品。

2.如果有超过三个的稀释度用于检验，在一系列的十进稀释当中，计算 MPN 时，只需要用其中依次三个的稀释度，取其阳性组合。选择的标准是：先选出 5 支试管全部为阳性的最大稀释（小于它的稀释度也全部为阳性试管），然后再加上依次相连的两个更高的稀释。用这三个稀释度的结果数据来计算 MPN 值。